本书的编写出版得到国家“973”项目“南海深水盆地油气资源形成与分布基础性研究”资助(项目编号:2009CB219400)

深海油气的奥秘

朱伟林　张功成　张喜林　编著

石油工业出版社

内 容 提 要

本书主要介绍了深海油气勘探的基本知识、全球及我国深海油气勘探的现状，并介绍了深海油气勘探开发的设备，对了解深海油气的勘探、开发、工程具有重要意义。

本书可供非石油、地质专业类人员参考阅读，用以了解海上、特别是深海油气的相关知识。

图书在版编目(CIP)数据

深海油气的奥秘/朱伟林，张功成，张喜林编著.
北京：石油工业出版社，2013.11
ISBN 978-7-5021-9869-5

Ⅰ. 深…
Ⅱ. ①朱…②张…③张…
Ⅲ. 深海-石油工程-普及读物
Ⅳ. TE5-49

中国版本图书馆CIP数据核字(2013)第263612号

出版发行：石油工业出版社
(北京安定门外安华里2区1号 100011)
网 址：www.petropub.com.cn
编辑部：(010)64523543 发行部：(010)64523620
经 销：全国新华书店
印 刷：北京中石油彩色印刷有限责任公司

2013年11月第1版 2013年11月第1次印刷
850×1168毫米 开本：1/32 印张：5.75
字数：100千字

定价：35.00元
(如出现印装质量问题，我社发行部负责调换)

前 言

深海中蕴藏着丰富的油气资源，近年来，国外深水勘探取得了突飞猛进的发展，发现了一批大型和巨型的油气田，以墨西哥湾、南大西洋两岸的巴西和西非沿岸三大海域为典型代表，当前世界大约84%的深水油气勘探活动集中于此，被称为深水勘探的“金三角”。我国深水勘探活动主要集中在被称为第二个“波斯湾”的中国南海，整个南海的油气资源量约占我国油气总资源量的三分之一，且其中大部分分布在深水区，因此我们迫不及待地想走进深水、了解深海油气的奥秘。

本书采用通俗、科普的语言和视角带你靠近深水、探索深海油气王国的奥秘。在这里，你能了解到深海油气聚宝盆的形成、结构与面貌；你能站在世界的角度审视深海油气王国的波澜壮阔与欣欣向荣；你将有机会接触到我国深海油气勘探的开始、发展、挑战与机遇、潜力与未来；同时，你能领略到形形色色的深海油气勘探、开发、工程装备，感叹于深海石油工作者的积淀、智慧与战斗力。

同时，为了便于读者获取知识，本书按照由易到繁、由基础到专业、由全局到微观的编排思路，首先介绍进行深海油气勘探的原因、石油天然气的形成与孕育过程等；然后从全球的角度，了解重要深海油气产区的概况与特点，并对国家深海钻探计划进行介绍；再进一步对我国的深海油气勘探开发现状做了描述；最后对深海油气勘探的各种平台及工程船进行了介绍。本书图文并茂，希望读者能在深海油气的王国里探寻一番，有所收获。

目 录

一、藏在海底的油气聚宝盆

二、世界深海油气勘探现状

三、我国深海油气勘探开发现状

四、深海油气勘探开发装备

藏在海底的油气聚宝盆

1. 为什么要勘探开发深水油气

全球21世纪以来的油气大发现揭示，被动大陆边缘深水区已成为全球大油气田发现的最主要领域，被动大陆边缘深水区油气勘探已成为全球的热点勘探领域。随着世界各国对能源需求的日趋增长，陆地及陆架浅水区油气发现的高峰期已经过去，在浅水区和老油田区很难再有新的重大发现，大型和巨型油气田发现的数量越来越少，新的油气发现规模亦越来越小。近年来深水区、超深水区油气勘探工作出现一系列重大突破，深水区油气已成为现今关注的焦点。全世界近年来海上主要的油气发现中一半位于深水区，深水将是未来全世界油气战略接替的主要领域。

深水是个动态的概念，随着科技发展，其内涵不断变化，这个定义取决于当前的技术水平、勘探前景状况、经济效益、政府政策以及自然地理状况等。因此，不同国家、不同时期关于深水的定义不尽相同。1998年以前一般认为水深达200m即可称为深水，1998年后的一段时间深水的范围一般认为是超过300m。目前大部分人将水深大于500m作为“深水”的界限，而1500m水深以上称为“超深水”。当前，中国和巴西以水深大于300m的海域称为深水区，美国墨西哥湾以水深大于305m的海域称为深水区，法国把水深大于400m的海域称为深水区，墨西哥湾、澳大利亚和英国把水深大于500m的海域称为深水区。

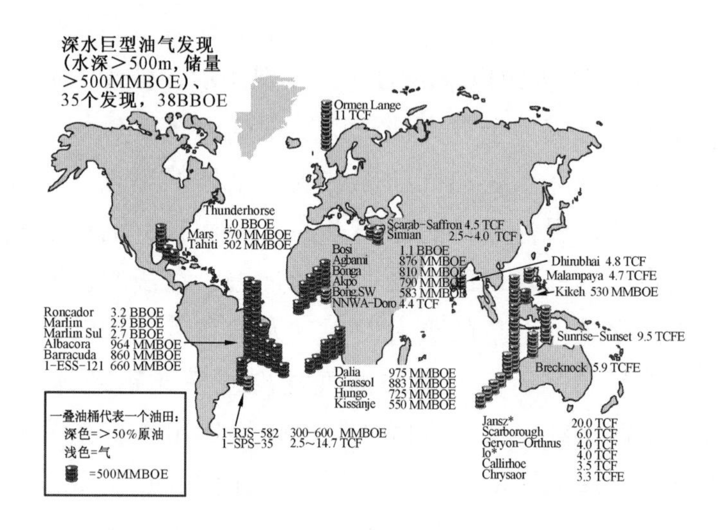

储量超过5×10^{8}bbl油当量的巨型深水油气发现分布图（至2003年11月底）

南大西洋和墨西哥湾的发现由原油和天然气组成；欧洲、亚洲和澳大利亚的发现则以天然气占主导地位。TCF＝$10^{12}ft^{3}$；TCFE＝$10^{12}ft^{3}$油当量；MMBOE＝10^{6}bbl油当量；BBOE＝10^{9}bbl油当量（据《深水油气地质导论》，2012）

在我国近海，仅南海有符合深水概念的海域。因此，我国的深海勘探开发活动目前仅限于南海。

2. 深海油气的来源

油气勘探开发上所谓的“深海”，是指油气赋存的区域目前为深海，并不代表形成这些油气的母质和储存油气的储集岩是在深海环境下形成的。也就是说在地质历史时期该区域可能是深海，也可能是浅海，甚至可能是陆相湖泊。因此深海油气与非深海油气在来源上并无本质不同。

与其他的地下矿藏一样，石油的存在是由特定的地质条件决定的。石油地质工作者主要从生、储、盖、圈、运、保几个方面对石油存在的地质条件进行分析。“生”即生油岩，是指具有生油气能力的沉积地层，它是油气生成的物质基础，一般是指在还原环境中形成的沉积物，且含丰富的有机质，具有良好的有机质类型；“储”是指储集岩，它具有良好的孔隙性和渗透性条件，能储存油气，主要包括砂岩类及碳酸盐岩类；“盖”是指盖层，这是指由致密岩石组成的、能将油气封住的地层，一般是页岩、泥岩及蒸发岩等；“圈”即圈闭，是具备油气聚集条件的场所；“运”是指油气的运移，分散在地层深处的液态和气态的油气，需要有一个运移通道（输导层或断层）才能聚集在一起；“保”即油气的保存条件。

现在人们普遍接受的是一个经过不断发展完善、较科学的含油气系统概念。石油、天然气作为一种液（气）态物质，要想形成“商业”聚集，以上的所有要素都必不可少，而且要匹配适当。而含油气系统正是将石油、天然气生成和聚集的各地质要素和作用纳入统一的时空范围的一个自然系统，它包括：生油岩、储集岩、盖层及上覆层、圈闭形成过程等油气生成、运移和聚集的所有地质要素。这些地质要素和作用过程的时空配置关系，特别是生油岩埋藏到一定深度生油后，主要排烃期与圈闭形成的时空配置关系非常重要。

3. 有机生油论和无机生油论

目前世界上主要存在有机和无机两种生油理论。

大多数地质学家认为石油和天然气是古代有机物通过漫长的压缩和加热后逐渐形成的，这就是有机生油论。经过漫长的地质年代这些有机物与淤泥混合，被埋在厚厚的沉积岩下，在地下的高温和高压作用下它们逐渐转化，首先形成蜡状的油页岩，后来逐渐生成液态和气态的碳氢化合物。由于这些碳氢化合物比附近的岩石轻，它们不断向上渗透到附近的岩层中，直到渗透到上面紧密无法通过、本身则多孔隙的岩层中，由此聚集到一起的石油便形成了油田。而人们可以通过钻井来获取地下的石油。地质学家将石油形成的温度范围称为“油窗”。温度太低石油无法形成，温度太高则会形成天然气。虽然石油形成的深度在世界各地各不同，但是主要的深度为4000～6000m。由于石油形成后还会渗透到其他岩层中去，通常实际的油田可能要浅得多。因此形成油田需要三个条件：丰富的烃源岩、渗流通道和一个可以聚集石油的岩层构造。

无机生油理论主要是天文学家托马斯·戈尔德在俄罗斯石油地质学家尼古莱·库德里亚夫切夫（Nikolai Kudryavtsev）的理论基础上发展起来的。这个理论认为在地壳内已经有许多碳，这些碳自然地以碳氢化合物的形式存在，碳氢化合物比岩石孔隙中的水轻，因此沿着岩石缝隙向上渗透。石油中的生物标志物是由居住在岩石中的、喜热的微生物形成的，与石油本身无关，在地质学界中这个理论只有少数人支持。

目前世界上95%以上的石油和天然气是根据有机生油理论找到的。

4. 海相生油与陆相生油

目前，从世界范围来看，产油规模最大、储量最丰富的中东地区，其生油岩都是海相地层，而且大多数含油气盆地的生油岩都是在海相沉积地层中。事实表明，海相生油更“优越”一些，与之相比，陆相生油则有一定的局限性。

海相生油的“优越”要归功于其“出身”好，海相的咸水环境比陆相的淡水环境更利于有机质的保存，海相地层拥有更加稳定的水下环境，陆相生油却难得有这样的安宁，其沉积盆地常受地质活动“骚扰”，油藏保存条件不够理想。

不仅如此，海相地层中还拥有更好的生成原油的原料。脂肪物和类脂组分是形成石油的重要物质，海洋浮游生物含类脂组分较高，而陆相沉积地层中以木质纤维类物质为主，含类脂物较少。不过，如果陆相地层发育以深水湖泊沉积为主时，大量的湖生生物会繁殖其中，也会“风光”一把，生成储量较丰富的石油。

20 世纪初，中东、北美、欧洲等地区的油气多在海相地层中发现，很多国外的石油地质学家认为只有海相沉积地层才能生成油气。一些国外的地质学家到中国调查时，当看到中国地表地层大多为陆相地层时，悻悻然扬长而去。同时，中国被戴上了“贫油国”的帽子。

幸运的是，我国老一辈石油地质学家并没有局限于海相生油理论，通过努力，结合多年勘探经验，创立了中国特色的“陆相生油”理论。在这一理论的指引下，大庆油田被发现，中国摘掉了“贫油国”的帽子。随后，胜利油田被发现，大港油田和辽河油田被发现……这便构成了我国油气勘探的第一个阶段，在“陆相生油”理论指导下的“一次创业”。

以普光气田的发现为代表，我国从2000年开始在四川盆地进行大规模的以海相地层油气勘探为目标的“二次创业”。地质学家发现，中国地质状况是浅层为陆相沉积，深层为海相沉积，这与中东、美国、俄罗斯、欧洲的情况正好相反。油气开采遵循着由浅入深的规律，随着油气勘探开发的深入，中国将越来越重视海相地层，而国外则开始将目光更多地投向陆相地层。

5. 海相沉积与陆相沉积

想知道什么是“海相”和“陆相”，首先要了解一个基本概念——沉积相。学过地理的人都知道，任何一块沉积岩石都蕴藏着大量的“信息密码”，这些“信息密码”反映了沉积岩（物）的特征，揭示了沉积环境。沉积环境和在该环境中形成的沉积岩特征综合来讲就是沉积相。

从这个定义出发可以知道，沉积环境和沉积岩特征是构成沉积相的两个基本方面。沉积环境包括岩石在沉积和成岩过程中所处的自然地理条件、气候状况、沉积介质的物理化学条件等。沉积岩特征包括岩性特征（岩石成分、颜色、结构等）、古生物特征（古生物种属和生态）等。沉积环境决定了沉积岩特征，沉积岩特征是沉积环境的物质表现，二者之间存在辩证关系。

一般而言，自然地理环境分为大陆环境（沙漠、河流、湖泊、冰川等）、海洋环境（滨海、浅海、半深海、深海等）与海陆过渡环境（三角洲等）。依据自然地理环境的不同，可以把沉积相划分为陆相、海相和海陆过渡相三个类型。

顾名思义，海相就是在海洋环境中形成的沉积相的总称，根据形成的海水深度和在海洋中的位置，还可以将海相进一步划分为滨海相、浅海陆棚（大陆架）相、半深海相、深海相等。

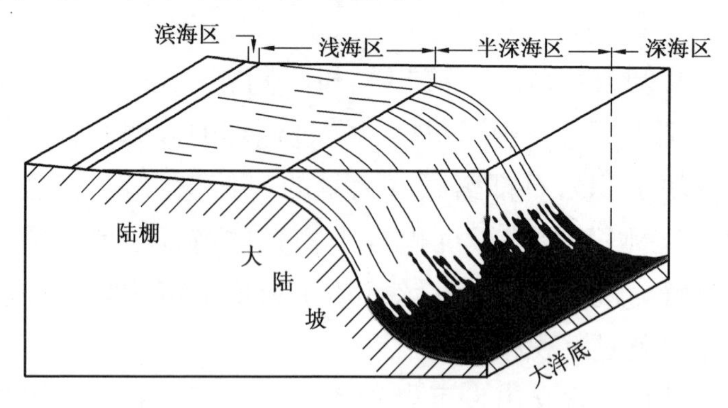

海洋地貌和沉积环境示意图（据《沉积岩与沉积相》，2007）

6. 盆地、沉积盆地、含油气盆地

盆地，顾名思义，就是地貌上的盆状低地，即盆状形态的地壳构造单元。盆地是地形分支的一种。

盆地主要是由于地壳运动形成的。在地壳运动作用下，地下的岩层受到挤压或拉伸，变得弯曲或产生了断裂就会使有些部分的岩石隆起，有些部分下降，如果下降的那部分被隆起的部分包围，盆地的雏形就形成了。

沉积盆地，就是地质历史时期的地貌盆地在其形成以后曾经被海水或湖水淹没，并不断接受河流、大气带来的泥沙及水体自身化学沉淀物质的沉积充填，这些沉积物后期被保存下来，就是沉积盆地。

沉积盆地是具有较厚沉积物的构造单元，一般认为厚度不低于1km，大多数盆地的充填体厚度小于10~20km，沉积盆地的形成和演化受控于深部地球动力学过程。

一个沉积盆地的发育通常要经历几百万年至几千万年的历史，其古地理环境在不断的变化中，这些变化可以被盆地沉积物记录下来。通过对这些沉积物的研究，人们能够描述、反演出这些地域中诸如气候、水体以及由构造活动决定的盆地地形变化等地球演化过程。

我国第一大沉积盆地是塔里木盆地，第二大沉积盆地是鄂尔多斯盆地。

含油气盆地，顾名思义是指含有油气的盆地。确切地说，含油气盆地是具备成烃要素、有过成烃过程并已经发现有商业价值的油气聚集的沉积盆地。含油气盆地是油气生成、运移、聚集、保存的基本单元。世界上99%以上的油气资源储存在沉积岩中，那些在非沉积岩中储存的油气也与附近的沉积岩有密切的关系。

因此石油地质学在很大程度上可以说就是沉积盆地地质学，因为沉积盆地是石油勘探、开发的实体。

7. 油气之母——干酪根

根据油气有机成因理论，生物体是油气生成的最初来源。浮游植物、浮游动物、细菌以及高等植物等随着埋藏时间增加逐渐演化为沉积有机质，沉积有机质经历了复杂的生物及化学变化逐渐形成干酪根，成为生成大量石油及天然气的先躯。干酪根是真正的油气之母。

干酪根（Kerogen）一词最初被用来描述苏格兰油页岩中的有机质，它经蒸馏后能产生似蜡质的黏稠石油。现在为人们所普遍接受的概念是：干酪根是沉积岩中不溶于一般非氧化性酸、碱及非极性有机溶剂的沉积有机质。与其相对应，岩石中可溶于有机溶剂的部分，称为沥青。

干酪根是沉积有机质的主体，约占总有机质的80%～90%，研究认为80%～95%的石油烃是由干酪根转化而成。干酪根是一种高分子聚合物，没有固定的化学成分，主要由碳、氢、氧和少量的硫、氮等元素组成，没有固定的分子式和结构模型。

在不同沉积环境中，由不同来源的有机质形成的干酪根，其性质和生油气潜能差别很大。干酪根可以划分为以下三种主要类型：

Ⅰ型干酪根（称为腐泥型）：原始高氢含量和低氧含量，主要来自海洋或湖泊藻类沉积物，生油潜能大，每吨生油岩可生油约1.8kg。

Ⅱ型干酪根（称为腐泥—腐殖型）：氢含量较高，但较Ⅰ型干酪根略低，主要来源于海相浮游生物和微生物，生油潜能中等，每吨生油岩可生油约1.2kg。

Ⅲ型干酪根（称为腐殖型）：具低氢和高氧含量，主要来源于陆生高等植物，海陆过渡相的三角洲平原或滨海潮坪是其有利的发育环境，每吨生油岩可生油约0.6kg，对生油不利，但可成为有利的生气来源。

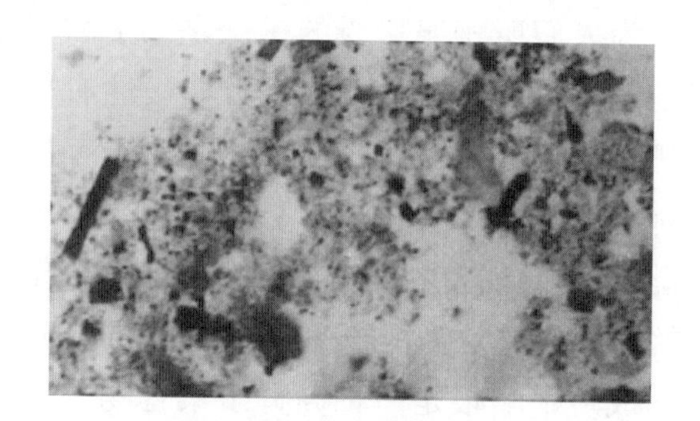

Ⅰ型干酪根

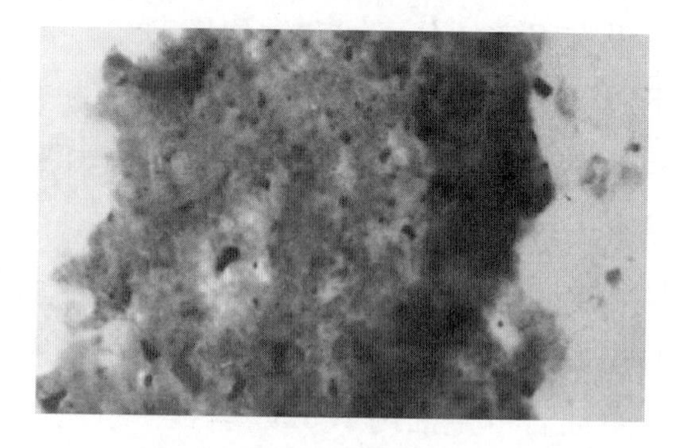

Ⅱ型干酪根

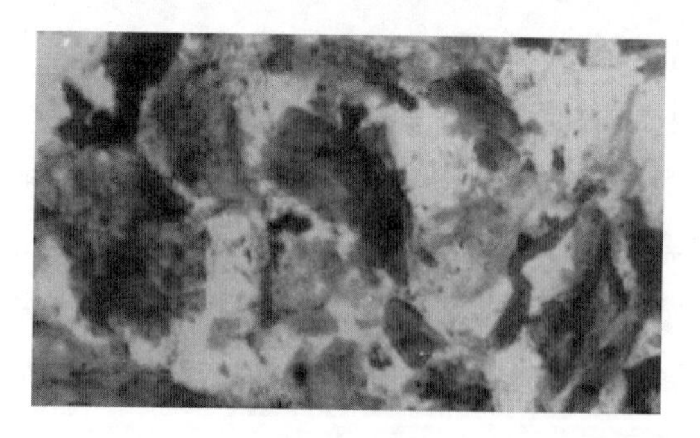

Ⅲ型干酪根

以上三种干酪根在我国近海盆地均有发现。由于不同类型的干酪根生油或生气的潜能不同，其研究结果对于油气勘探方向有重要的意义。

8. 储层：油气的安身场所

储层是具有连通孔隙、能够储存和渗滤流体的岩层。储层是构成油气藏的基本要素之一。它有两个基本作用：除了储存油气外，还是重要的油气输导层。储层是控制油气分布、油田储量及产能的主要因素。储层中储存了油气即为含油气层，含油气层是油气勘探的目标。

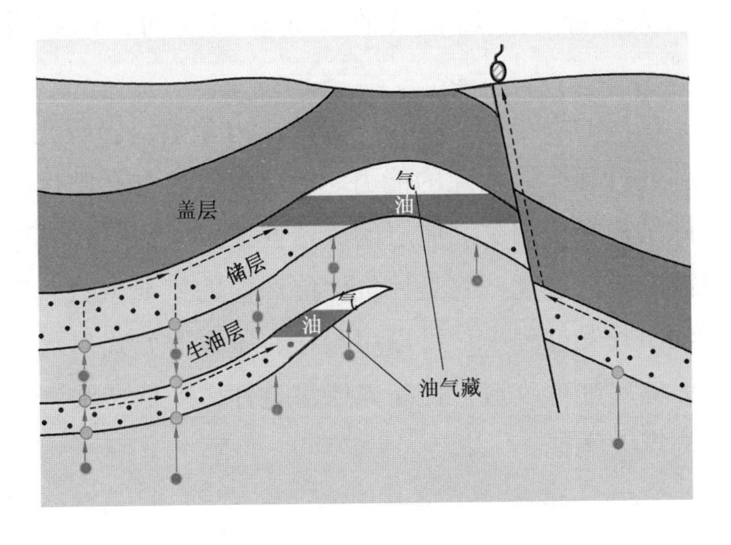

绝大多数油气藏的储层是沉积岩（主要是砂岩、砾岩、石灰岩、白云岩），只有少数油气藏的储层是火山岩和变质岩。我国近海盆地的储层主要是砂岩和砾岩，也有少量的火山岩储层。

储层具有两个特性：孔隙性（储存空间）和渗透性（储存空间具有一定的连通性），即储层的物性。

储层的孔隙是指岩石中未被固体物质充填的空间，包括孔隙、裂缝和溶洞。岩石孔隙的发育程度用孔隙度（孔隙率）来表示，即岩石的孔隙体积与岩石体积之比（用百分数表示），它直接影响油气储量。地壳中不存在没有孔隙的岩石，但是不同岩石的孔隙大小、形状和发育程度是不同的。只有那些彼此连通的较大孔隙，才是有效的油气储集空间，即有效孔隙。

储层的渗透性是指在一定的压力差下，岩石允许流体通过其连通孔隙的能力。储层渗透性与孔隙度和孔隙结构密切相关。储层的渗透性决定了油气在其中渗滤的难易程度，它是评价储层产能的主要参数。实际油田开发过程中，可以用酸化、压裂等方式对低孔低渗储层进行改造，提高储层渗透性，变低产油气层为高产油气层。

9. 盖层：捕捉油气的天罗地网

任何一个盆地中，要形成油气藏只有生油层和储层还是不够的，要使生油层中的油气运移至储层中形成油气藏而不逸散，还必须具备不渗透的盖层。

盖层是指位于储层之上能够封隔储层，并且使其中的油气免于向上逸散的保护层。与储集岩的输导作用相反，盖层的作用是阻碍油气的逸散，恰似织了一张捕捉油气的天罗地网。

油气藏盖层的好坏，直接影响着油气在储层中的聚集效率和保存时间。盖层发育层位和分布范围直接影响油气田的层位和区域，因此盖层研究是油气勘探评价的重要内容。

可以根据岩性、分布范围、成因和组合方式等对盖层进行分类。

盖层根据岩性可分为膏盐类、泥质岩类和碳酸盐岩类。膏盐类是质量最佳的盖层，包括石膏、硬石膏和岩盐等蒸发岩。泥质岩是油气田中最常见的一种盖层。致密碳酸盐岩也是一种重要的盖层。

根据盖层分布范围可分为区域性盖层和局部性盖层。

根据盖层与油气藏的位置关系可分为直接盖层和上覆盖层。

另外还有些特殊盖层，如水合物盖层、沥青盖层等。

根据盖层阻止油气运移的方式可以把盖层的封闭机理分为物性封闭、异常压力封闭和烃浓度封闭。物性封闭是指依靠盖层岩石的毛细管压力对油气运移的阻止作用来封闭油气，也叫毛细管压力封闭。盖层也可依靠大于地层静水压力的异常高流体压力而封闭油气，简称为超压封闭。烃浓度封闭是指具有一定的生烃能力的地层，以较高的烃浓度阻滞下伏油气向上扩散运移。

实际盖层的厚度可从几十米到几百米，大范围连续稳定分布的较厚盖层对油气聚集有十分重要的意义，气藏对盖层的要求比油藏更高。

10. 富烃凹陷：油气的“聚宝盆”

凹陷是盆地中的基本地质单元，具有周围地势高、中间地势低的特点。因此，凹陷中可以聚集大量的有机质，是油气生成、聚集和保存的主要场所。富烃凹陷，简单理解即为富含油气的凹陷。富烃凹陷的最重要特征之一是已经发现有大中型油气田或具备形成大中型油气田（群）的条件或潜力。

中国近海共有十大沉积盆地，目前中国海油主要在其中的6个含油气盆地内进行勘探。这6个含油气盆地中共有71个凹陷，其中已经被证实的富烃凹陷是10个。这10个富烃凹陷是当前中国近海油气开发的主力凹陷，是勘探热点区域。据统计，当前中国近海找到的90%以上的石油和85%左右的天然气都集中在这10个富烃凹陷内。可见，富烃凹陷在油气勘探中的地位举足轻重，找到一个富烃凹陷，就会找到一批油气田。不但中国近海如此，我国陆上以及国外的油气勘探过程也都普遍遵循这一规律。

既然如此，在中国近海能否找到更多的富烃凹陷呢？答案是十分肯定的。除上述10个富烃凹陷外，中国近海6个含油气盆地中尚有61个凹陷，其中必然还有一批富烃凹陷，只是在现有条件下还没有被发现。

近几年，随着广大勘探人员的努力，有些凹陷已经取得勘探突破，显现出了富烃凹陷的潜力。随着勘探的逐渐深入，将会有更多的凹陷被证实为富烃凹陷，并为国家贡献更多油气。

11. 地下的“聚宝盆”：含油气盆地

世界上大多数的油气都保存在盆地中，没有盆地就没有油气。找油气就必须要先找到盆地。对于地下数以千计的盆地来说，什么样的盆地才是我们追求的目标呢？这就要提到地下的“聚宝盆”：含油气盆地。

含油气盆地指具有商业价值的、已经发现油气的盆地，它是油气生成、运移、聚集的基本单位。要成为含油气盆地，首先必须具备丰富的生成油气的物质，这样才能保证这个盆地具备孕育油气的能力；其次，这个盆地要具备这些生油气物质繁殖聚集、快速埋藏并能向油气转化的环境，就像喜阴的植物要生活在没有阳光的地方一样，油气也需要有合适的有利转化环境；最后，它还要经受环境的作用，为推动油气的运移创造条件，并为油气的聚集提供场所。只有同时具备了这三个条件的盆地，才能称之为含油气盆地。

对于存在于世界上的众多盆地来说，它们形态各异、大小不一，但它们都由三个部分组成：盆地的基底、周边和盖层。

盆地的基底是一个凹形的、坚硬的底盘，控制着后期沉积在它上面的物质的分布。盆地周边是盆地的边界，就像建筑四周的墙体，控制它所拥有的空间，为沉积在基底之上的物质圈定了“活动、生长”的场所。盆地的盖层是位于底盘之上的所有沉积岩层，它是盆地的核心，是油气生成、运移、储集的主要场所。三者共同组成盆地，缺一不可。

并非所有盆地都具有大型油气田形成的要素，但油气田的形成是由盆地所控制的，因此研究并掌握盆地的特点具有重要意义。

12. 特提斯：地学界的“女神”

经常能在地质学的书籍中看到特提斯这一地质学术语，它到底有什么样的含义呢?

特提斯（Tethys）这一名词来源于古希腊神话，是一个女神的名字。在地质学上，特提斯是中生代北方劳亚古陆和南方冈瓦纳古陆之间，有浅海和深海沉积和相似动物群的海洋。它由奥地利学者 Suess 于 1893 年首次提出，由于其类似残存的现代欧洲与非洲间的地中海，故又称古地中海。

研究表明，特提斯与大西洋、太平洋等“干净”的洋盆不同，在其演化的各阶段，始终是个微板块、边缘海与海沟的多岛洋盆，类似于现代在中国和澳大利亚之间的东南亚多岛洋盆。

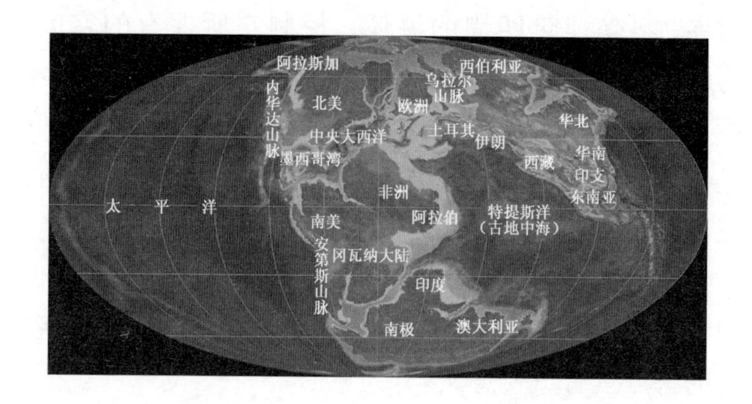

特提斯域的主要地质运动过程是位于南方的冈瓦纳大陆北缘阶段性地发生陆块裂离，特提斯洋壳向北俯冲于欧亚大陆之下，裂离的陆块条带随特提斯洋壳向北漂移，最终与欧亚大陆碰撞拼合。每一次冈瓦纳北缘陆块裂离都在其南部形成新一期特提斯，自晚古生代以来共有三期特提斯。

13. 凝析气藏

凝析气藏是指在原始地层条件下表现为单一的气相状态，其组分中含有标准条件下为液态的 C_5 以上的烃，在等温降压过程中存在反凝析特征的气藏类型。凝析油的凝固点低，其密度通常为 0.66 ~0.78g/cm^3。

凝析气藏在世界气田开发中占有十分重要的地位。据相关资料显示，世界上富含凝析气田的国家如美国、加拿大等，都拥有丰富的开发凝析气田的经验。

早在20世纪30年代，美国就已经开始使用回注干气保持压力的方法来开发凝析气田，80年代又发展了注氮气技术。原苏联则主要采用衰竭式开发方式，采用各种屏障注水方式开发凝析气顶油藏。目前，在北海地区，也有冲破“禁区”探索注水开发凝析气田的做法。

我国凝析气田分布很广，根据第二次全国油气资源评价结果，我国凝析气田主要分布在陆上中、西部地区与近海海域的南海、东海。

14. 致密砂岩气：未来“气坛子”

致密砂岩气又称致密气，通常指低渗、特低渗砂岩储层中无自然产能、需要通过大规模压裂或特殊采气工艺技术才具有经济开采价值的天然气。致密气藏大多分布在盆地中心或盆地的构造深部，呈大面积连续分布，是连续型气藏的一种重要类型。

如今，已发现的致密气储量十分丰富。世界上利用现有勘探开发手段可开采的致密气储量为（10.5～24）$\times 10^{12} m^3$，居非常规气之首。据统计，全球已发现或推测有致密气的70多个盆地，主要分布在北美、欧洲和亚太地区，最具代表性的是美国圣胡安盆地和加拿大阿尔伯达盆地。

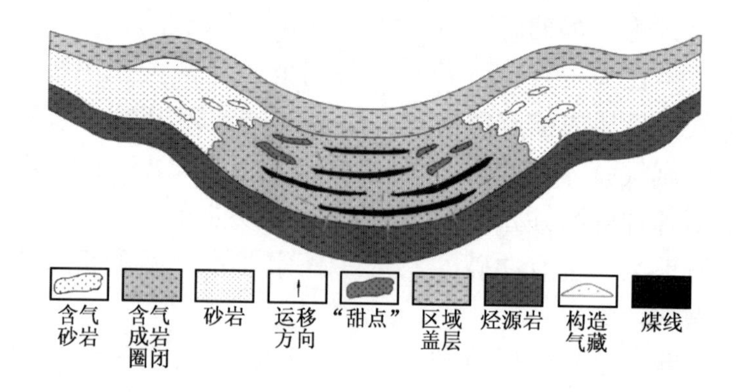

致密砂岩气藏成藏机制模式图（据邹才能等，2009）

我国致密气藏分布广泛，类型多样，在四川、鄂尔多斯、准噶尔南部等区域皆有分布。随着海域含油气盆地地质认识程度的提高和勘探开发技术的进步，海域将是未来致密气勘探开发的重要接替领域。

我国致密气资源丰富，从近中期看，致密气的现实性最好，是发展非常规天然气的领头羊，未来的 5 ~10 年是致密气开发利用的快速发展期。预计 2030 年前后，致密气产量将达到 $1000 \times 10^8 m^3$ 左右，成为支撑我国天然气工业快速、稳定发展的重要资源。

15. 可燃冰

天然气水合物（Natural Gas Hydrate），因其外观像冰一样而且遇火即可燃烧，所以又被称作“可燃冰”。它是在一定条件（合适的温度、压力、气体饱和度、水的盐度、pH 值等）下由水和天然气在中高压和低温条件下混合时组成的类冰的、非化学计量的、笼形结晶的化合物。它可用 $mCH_4 \cdot nH_2O$ 来表示，m 代表水合物中的气体分子，n 为水合指数（也就是水分子数）。组成天然气的成分如 CH_4、C_2H_6、C_3H_8、C_4H_{10}等同系物以及 CO_2、N_2、H_2S 等可形成单种或多种天然气水合物。形成天然气水合物的主要气体为甲烷，对甲烷分子含量超过 99% 的天然气水合物通常称为甲烷水合物（Methane Hydrate）。它被誉为 21 世纪最具有商业开发前景的战略资源之一。

天然气水合物在自然界广泛分布在大陆永久冻土、岛屿的斜坡地带、活动和被动大陆边缘的隆起处、极地大陆架以及海洋和一些内陆湖的深水环境。在标准状况下，1 单位体积的天然气水合物分解最多可产生 164 单位体积的甲烷气体，因而称其是一种重要的潜在未来资源。

天然气水合物是 20 世纪科学考察中发现的一种新的矿产资源。它是一种新型高效能源，其成分与人们平时所使用的天然气成分相近，但更为纯净，开采时只需将固体的“天然气水合物”升温减压就可释放出大量的甲烷气体。

天然气水合物使用方便，燃烧值高，清洁无污染。

据了解，全球天然气水合物的储量是现有天然气、石油储量的两倍，具有广阔的开发前景，美国、日本等国均已在各自海域发现并开采出天然气水合物，据测算，中国南海天然气水合物的资源量为 700×10^8t 油当量，约相当于中国陆上石油、天然气资源量总数的二分之一。

2007 年 5 月 1 日凌晨，中国在南海北部首次采样成功，证实中国南海北部蕴藏着丰富的天然气水合物资源，标志着中国天然气水合物调查研究水平已步入世界先进行列。

中国在南海北部成功钻获天然气水合物实物样品“可燃冰”，从而成为继美国、日本、印度之后第 4 个通过国家级研发计划采到天然气水合物实物样品的国家。

$1m^3$ 可燃冰可转化为 $164m^3$ 的天然气和 $0.8m^3$ 的水。全世界拥有的常规石油天然气资源，将在 40 年或 50 年后逐渐枯竭，而科学家估计，海底可燃冰分布的范围约 $4000 \times 10^4 km^2$，占海洋总面积的 10%，海底可燃冰的储量够人类使用 1000 年，因而被科学家誉为“未来能源”、“21 世纪能源”。

据悉，迄今为止，全球至少有 30 多个国家和地区在进行可燃冰的研究与勘探调查。

16. 特殊类型油气藏之一：潜山油气藏

目前，国内外发现的潜山油气藏数量较少，规模相对偏小，但其作为一种特殊油藏类型，正在引起人们的重视。近年来，我国陆续在海上油田中发现此类油藏的存在，如渤中 28－1 油田、涠洲 6－1 油田，特别是蓬莱 9－1 油田的发现，将进一步推动海上油田对此类油藏的关注。

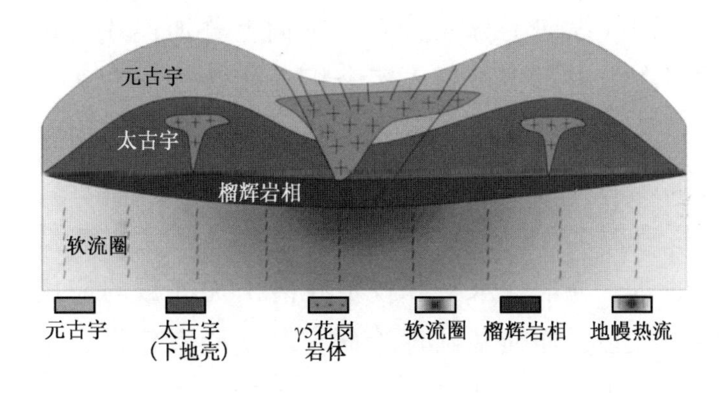

蓬莱 9－1 潜山模式图

潜山油气藏按成藏控制因素分析可分为表层风化壳油藏和变质岩潜山内幕油藏。风化壳油藏是以表层的风化壳为储集体，以不整合面为遮挡的油气藏类型；潜山内幕油藏以潜山内幕的裂缝体系为储集体，主体以内幕致密层为遮挡的油气藏类型。

变质岩潜山内幕油藏为裂缝性油藏，储集空间主要为受多期断裂活动影响形成的裂缝体系。裂缝发育带的分布受断裂展布和潜山岩性的控制明显，不同岩性段裂缝发育程度不同，储层非均质性较强。潜山内幕储层宏观裂缝发育，多为中、高角度张开缝，裂缝张开度为0.1～0.2mm，裂缝面延伸较长。

变质岩潜山内幕具有多层系裂缝发育的特点，导致油气纵向上分段分布、平面上叠加连片。在变质岩潜山内幕中可形成多个相对独立的油气藏。

多年的油田开发实践表明，水平井技术用于此类油藏的开发具有较好的效果，只要设计合理，就可以有效地控制油藏底水的推进，延长无水或低水采油期。为增强水平井技术在潜山油气藏的应用效果，有必要加强基础理论研究与实验室建设，重视裂缝描述，研究其在开发工艺中的应用，进一步探索潜山油气藏能量保持与提高采收率的新工艺、新技术。

17. 特殊油气藏类型之二：生物礁油气藏

生物礁是指由造礁生物和附礁生物在原地固着生长而形成的高于四周的碳酸盐岩建造。生物礁被不渗透层覆盖形成生物礁圈闭，如果聚集了油气，就形成了生物礁油气藏。

生物礁油气藏的油气储量巨大，目前世界上已发现许多大型生物礁油气田，如加拿大阿尔伯达盆地泥盆系生物礁油气田等。

生物礁油气藏的油气分布在很大程度上取决于礁型储集体的均一性，油气可以充满整个礁体，也可以只充填礁体的一部分，甚至有的礁型油气藏主要位于礁前砾屑带。

生物礁油气藏储集空间类型多，储集物性好，含油气丰富，一般都具有高产的特征。世界上有10口日产量曾达万吨以上的高产井，其中4口来自礁型油气藏。

生物礁油气藏常在一定的古地理环境背景（地台边缘或凹陷边缘）上成群、成带分布，构成一个巨大的含油气带。一个地区如果发现了一个礁型油气藏，往往可在其附近发现多个类似的油气藏。

18. 特殊油气藏类型之三：煤层气

煤层气是一种储集在煤层中的自生自储的天然气，它在煤化作用过程中形成，以吸附状态赋存于煤层中，其成分与常规天然气基本相同，以甲烷为主，还包含二氧化碳、氮气等。

煤层气的封存主要取决于煤层气富集区的构造条件及盖层岩性，其构造条件影响煤层气的后期保存，盖层岩性影响煤层气的富集。我国煤层气储层特点表现为微孔和裂缝发育，储层渗透率、压力及含气饱和度均偏低。

煤层气开发技术分为两大类，一是井下抽采，主要包括本煤层、邻近层、采空区等多种抽采方法。二是地面开发技术，包括两种开发方式：一种是地面预采技术，主要开发未采动煤层中的煤层气，所采用的技术与常规天然气开发技术相似，对于渗透率低的煤层往往采取煤层压裂增产措施；另一种是地面采动技术，主要开采生产矿井采动区和采空区，因采动影响，煤层和含气岩层的渗透率明显提高，煤层气大量解析，气体易抽出，不需要进行煤层压裂处理。

目前提高煤层气采收率的技术主要有注热技术、煤层压裂技术、气体驱替技术和声震法。我国的煤层气资源十分丰富，需要根据煤层气的性质和其与常规油气的差异性，采用有针对性且完善的技术来开采。

19. 特殊类型油气藏之四：火山岩油气藏

岩石是天然产出的、具有一定结构和构造的矿物的集合体，按成因可分为：岩浆岩、沉积岩和变质岩。火山岩是岩浆岩的一种，是火山作用的产物，由岩浆从火山口喷出地表而形成。

火山岩能否作为储层并形成油气藏，主要取决于火山岩的岩性、岩相、储集空间、物性等几项指标。目前，关于火山岩储层发育控制因素的描述性研究很多，而关于火山岩储层的形成机理、火山岩成岩作用机理的研究则较少，还处于起步阶段，火山岩储层的形成与演化非常复杂，还有待广大科研工作者进一步深究。

随着能源需求的不断攀升与石油工程技术的提高，火山岩油气藏的勘探开发日益成为全球油气资源的重要新领域。自 1887 年在美国加州的圣华金盆地首次发现火山岩油气藏以来，目前在世界范围内已有 20 多个国家发现 300 余个与火山岩有关的油气藏或油气显示。

国内关于火山岩油气藏的勘探研究起步较晚，但也取得了一些成绩。20 世纪 60—80 年代，我国先后在克拉玛依、四川、渤海湾、辽河和松辽等盆地中发现了一批火山岩油气藏。由于火山岩油气藏具有分布广、规模较小、初始产量高但递减快、储集类型和成藏条件复杂等特点，且目前对该类油气藏的系统研究方法相对缺乏，勘探开发技术尚不够完善，火山岩油气勘探储量仅占全球油气储量的1%，但未来勘探潜力巨大。

20. 特殊类型油气藏之五：页岩气藏

页岩气是指主体位于暗色泥页岩或高碳泥页岩中，以吸附或游离状态为主要存在方式的天然气聚集，是一种重要的非常规天然气类型，其生成、运移、赋存、聚集、保存等过程及成藏机理，与常规天然气有相似之处。

页岩气成藏的生烃条件及过程与常规天然气藏相同，泥页岩的有机质丰度、有机质类型和热演化特征决定了其生烃能力和时间。在烃类气体的运移方面，页岩气成藏体现出无运移或短距离运移的特征，泥页岩中的裂缝和微孔隙成了主要的运移通道，而常规天然气成藏除了烃类气体在泥页岩中的初次运移以外，还需在储层中通过断裂、孔隙等输导系统进行二次运移。

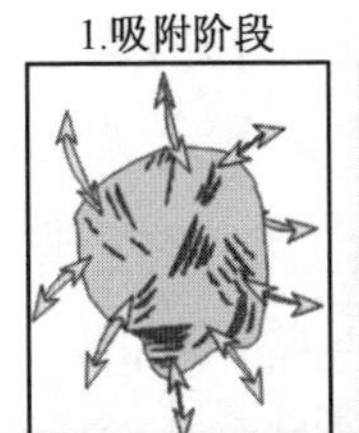
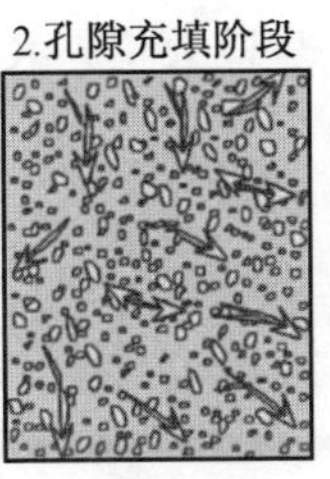
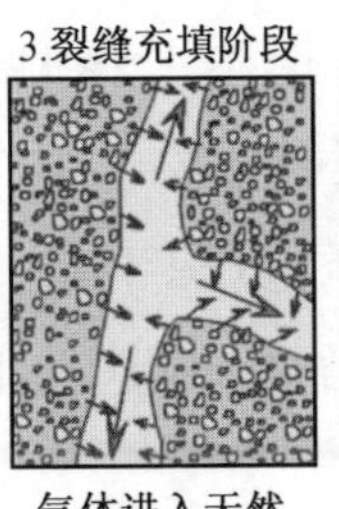
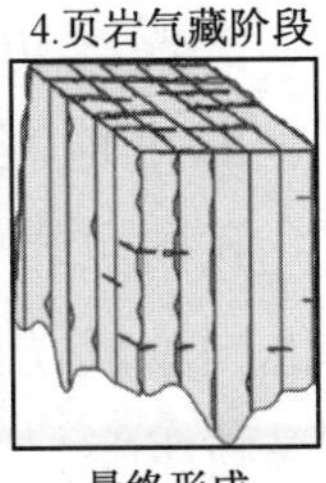
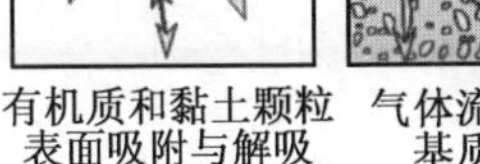

页岩气藏形成示意图（据陈更生等，2009）

在赋存方式上，页岩气与常规天然气藏二者差别较大。首先，储层和储集空间不同，常规天然气储集于碎屑岩或碳酸盐岩的孔隙、裂缝、溶孔、溶洞中，页岩气储集于泥页岩黏土矿物和有机质表面、微孔隙中；其次，常规天然气以游离赋存方式为主，页岩气以吸附和游离赋存方式为主。在盖层条件方面，鉴于页岩气的赋存方式，其对上覆盖层条件的要求比常规天然气要低，地层压力的降低会造成页岩气解析和散失。

页岩气藏的单井产量与储层性质有关。储层内流体能否流动，是否具有有利于油气流动的大孔喉和良好的水动力系统与先进的开采技术，是影响页岩气产量的重要因素。开发页岩气是一个系统工程，页岩气藏的成功开发关键在于先进技术的应用，如水力压裂技术、水平钻井技术、选区评价技术、实验分析技术、微地震监测技术、测井解释技术、三维地震技术等。

我国页岩气资源丰富，开采潜力大，但需在借鉴其他国家成功经验的基础上，因地制宜，研发自己的开采技术举措。

世界深海油气勘探现状

1. 世界深水勘探的主要区域

世界深水油气勘探主要集中在墨西哥湾、南大西洋两岸的巴西与西非沿海三大海域，这三个地方被称为深水油气勘探的“金三角”。当前世界大约84%的深水油气钻探活动集中于此，其中墨西哥湾最多，占到32%，其次为巴西，占30%，第三为西非，此处集中了全球绝大部分的深水探井，新发现的规模储量也多位于此处。此外，北大西洋两岸、地中海沿岸、东非沿岸及亚太地区的国家都在积极开展深水油气勘探活动。近来挪威和俄罗斯准备在巴伦支海域联合开展油气勘探活动。大西洋两岸的挪威、英国、加拿大、摩洛哥、毛里塔尼亚和纳米比亚、南非和阿根廷，地中海沿岸的埃及、以色列及土耳其，亚太地区的印度、澳大利亚、新西兰、印尼等国家都在积极开展深水油气勘探或开发活动。另外，被称为第二个波斯湾的中国南海，也是具有很大前景的深水油气区。

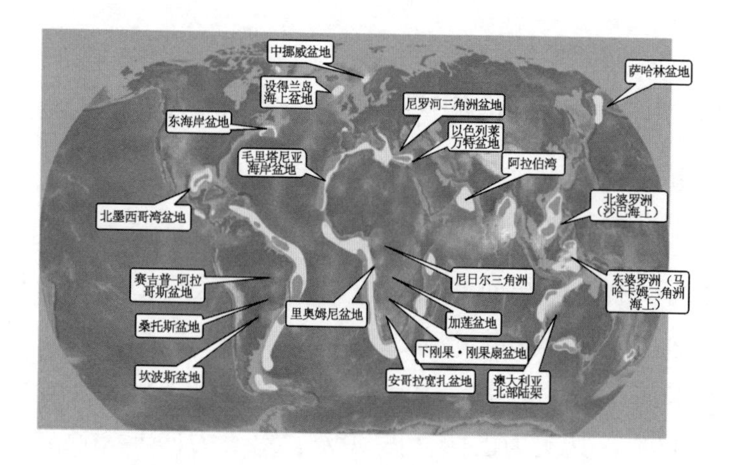

全球深水盆地分布图（据《深水油气地质导论》，2012）

2. 深海油气勘探状况简述

美国是世界上最早进行深海研究和开发的国家，地球上第一座海上油气田于1903年在美国的加利福尼亚建成。1957年美国W. H. 蒙克、H. H. 赫斯曾提出莫霍计划，试图钻穿洋壳最薄处来获取地壳深部和地幔物质样品。1966年美国自然科学基金会开始筹划“深海钻探计划”，“格罗玛·挑战者”号深海钻探船首次驶进墨西哥湾，开始了长达15年的深海钻探。20世纪70年代末期，世界油气勘探开始涉足深水海域。1975年英荷皇家壳牌（Shell）公司首先在位于密西西比峡谷水深约313m处发现了Cognac油田，揭开了墨西哥湾深水油气勘探的序幕。世界上第一座工作水深超100m的半潜式平台于1979年建成。当今世界最大钻井工作水深为3272m（墨西哥湾的Trident油田），开发最大作业水深为2851m。近年来，在南美巴西东部被动陆缘带、西非大西洋沿岸、墨西哥湾、澳大利亚西北陆架以及东南亚等深水海域相继发现一些大型和巨型油气田，勘探领域扩展到了水深4000m的超深水海域。日本的“地球”号（Chikyu）是目前世界上最先进的深海钻探船，“Chikyu”能向海水下伸长达10km。在2.5～3km水深海域也能钻探到海底地壳下约7km处的地幔。船上配备先进的设备，如Deep Tow（4km、6km级）深海曳航照相/声呐系统，可进行对海底地形、地质、热液、资源等的走航探测。液压活塞取样系统从海底钻取岩心，就可以现场分析岩心的内部结构。

深水油气勘探与开发已成为当今世界油气储量增长的新亮点及油气勘探开发发展的新趋势。

世界深水油气勘探的大型跨国油气公司主要有美国埃克森美孚、雪佛龙德士古、英国BP、荷兰皇家壳牌、法国道达尔、挪威国家石油公司、巴西国家石油公司、意大利埃尼集团公司、日本澳大利亚液化天然气集团（由三菱和三井公司组建）、中国石油天然气集团公司、中国石油化工股份有限公司、中国海洋石油总公司等。

目前我国在深水油气勘探方面最大的油气发现为荔湾 3－1 大型气田，这是我国在建开发的最大水深的油气田，水深为 1480m。继荔湾 3－1 气田发现后，又相继在深水发现了流花 29－1、流花 34－2 大气田等。2010 年中海油建成了第 6 代深水 3km 平潜式钻井平台“海洋石油 981”号，最大作业水深 3.05km，钻井深度可达 10km，几乎可以在全球所有的深水区作业。目前我国已拥有首座深水平潜式钻井平台 COSLPIONEER（中海油服先锋），作业水深 750m，钻井深度 7.5km，钻井设备具有全自动钻进功能。“海洋石油 981”号 2012 年 5 月 9 日在南海荔湾 6－1 区域 1500m 深的水下开钻，使我国海洋石油的深水战略迈出了跨越性的一步。

3. 世界深水油气勘探历程

海洋油气勘探开发是陆地石油勘探开发的延伸，1887 年在美国加利福尼亚海岸数米深的海域钻探了世界上第一口海上探井，拉开了海洋石油勘探的序幕。自 1947 年世界上第一口海上油井在美国艾利湖钻探成功以来，随着科学技术的进步和人类对海洋石油资源认知水平的不断提高，海洋油气勘探开发范围已从浅海扩大到半深海（100 ~ 500m）、深海（500 ~ 1500m）、甚至超深海（1500m 以上）。在一次又一次刷新深水油气开发记录后，本世纪初，石油工业界已经开始把目光投向蕴藏在海底 3000m 深处的油气藏。深水油气开发领域正在成为世界石油工业的主要增长点和科技创新的前沿。

1901—2008 年间，全球探井数目已达到了 23.8040 万口，其中陆上地区探井 20.4962 万口，浅水地区探井 2.9915 万口，深水地区探井 0.3163 万口。

1901—1923 年间陆上地区探井数量很少，且大多集中在 1907—1917 年间，且每年探井数量都少于 100 口；1924—1946 年间探井数量缓慢增长，每年探井数量稍有波动，平均为 320 口左右；1946 年之后陆上地区探井数量快速增长，1961 年达到高值 4479 口；1962—1980 年间探井数量在 3710 口上下波动，20 世纪 80 年代探井数量达到高峰期，每年基本都在 4000 口以上，1981—1986 年间陆上地区探井数量处于快速增长阶段，1986 年达到历年来的最高值，约为 4955 口；1987—2000 年间探井数量急剧下降，2000 年探井数量约为 1738 口；2001—2008 年间陆上地区探井数量处于一个下降后的稳定阶段，探井数量稍有增长，保持在每年 2000 口左右。

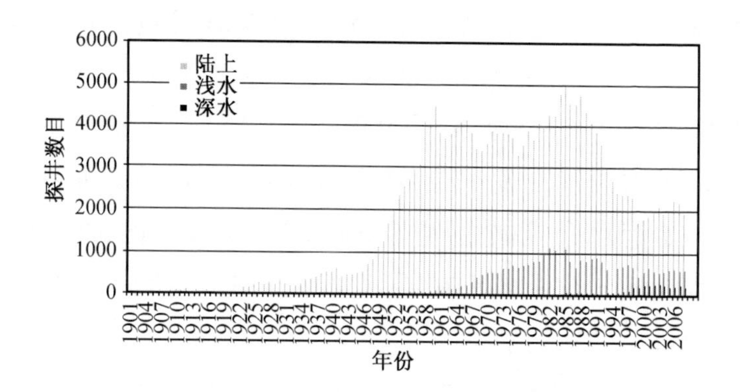

1901—2008 年历年探井数目

浅水地区勘探较晚，1947—1963 年间每年探井数量都未超过 85D；1964—1970 年间浅水地区探井数量进入快速增长阶段，1970 年探井数量为 468 口；1971—1981 年间探井数量呈缓慢增长趋势；1982—1986 年间探井数量达到高峰期，每年都在 1000 口以上，1983 年达到峰值；1987—1993 年间探井数量有所下降，每年为 780 口左右；1994—2008 年间浅水地区探井数量减少到平均每年 610 口左右。

深水地区相对来说探井数量较少，但存在不断增加的趋势，大体可分为三个阶段：

（1）起步阶段（1975—1984 年）

1975—1984 年间全球深水地区探井数量每年保持在 10 口左右，深水地区的勘探活动很少。

（2）发展阶段（1985—1995 年）

从 1985 年开始，全球深水地区的勘探成功率有了大幅度的提高，全球深水地区的勘探活动也有所增加。1985—1995 年间深水地区探井数量有所增长，每年在 30～78 口之间波动，平均约为 60 口。

（3）活跃阶段（1996 年至今）

从 1996 年开始，全球进入深海油气勘探的活跃期（据迟愚，2008）。1996—2000 年间全球深水地区探井数量急剧增长，2000 年为 250 口；2001—2004 年间深水地区探井数量每年保持在 260 口左右；2004—2008 年间深水地区探井数量相比前一阶段有所下降，每年约为 220 口。全球超过 1500m 水深的海域（超深海）陆续有大的油气发现，主要集中于巴西近海、西非海域、墨西哥湾和东南亚地区。西非的主要油气发现分布在水深 200～2000m 处。这个时期的油气增长速率较前期增长速率更快，油气田的规模相对较大。

经过三十余年的勘探开发，全球相继发现了一批大型深水油气田，深水油气产量不断增加。1990—2015 年全球深水区油气产量呈增长趋势（英国 Douglas - Westwood 公司，2007；江怀友，2008）。从 1990—1994 年间全球深水区油气几乎没有任何产量，到 1995—1999 年间产量进入缓慢增长阶段；从 2000 年之后深水区石油产量快速增长，到 2002—2004 年间增长趋于平缓；从 2005 年开始全球深水区石油产量急剧增长，到 2010 年深水区石油产量增长趋势稍缓，预计到2015年一直保持快速的增长。全球深水区天然气产量在1994—2012年间处于缓慢增长阶段，其增长速度基本保持不变。

4. 深海油气储量、产量及钻井情况

近年来世界海上主要的油气发现多在深水区，深水区将是未来全世界油气战略接替的主要区域。深水油气藏的勘探开发已成为世界主要石油公司的投资热点。

全球海洋油气资源非常丰富，约占全部油气储量的34%，探明率大约为30%。已有资料表明，在丰富的海上油气资源中，大陆架的资源量占据主要部分，约为60%，深水、超深水的资源量也不容小觑，占全部海洋资源量的30%。

近年来，在全球油气勘探获得的重大发现中，有50%来自海上，特别是深水海域。据Douglas - Westwood公司预测，未来世界石油地质储量的44%将来自海域的深水区。从新增储量上来看，陆上及浅水区新增油气储量主要集中在1954—1980年间，深水区在20世纪70、80年代新增油气储量相对比较少，1996年之后有了大幅度的提升。世界新增油气储量区域已由

陆地、浅水转向广阔的深水水域。

虽然全球深水油气资源储量丰富，但分布非常不均匀，主要分布在巴西、墨西哥湾、西非三大热点地区，它们在深水区的石油储量分别占其全部海域总储量的90%、89%和45%。

截至目前，世界主要深水区油气探明总储量为 $206.03\times10^8m^3$，其中巴西东部陆架深水区储量为 $68.25\times10^8m^3$，美国墨西哥湾深水区储量为 $29.256\times10^8m^3$，墨西哥湾深水区储量为 $14.38\times10^8m^3$，西非大陆边缘深水区储量为 $14.3\times10^8m^3$，澳大利亚西北陆架深水区储量为 $46.8\times10^8m^3$，挪威中部陆架深水区储量为 $5.37\times10^8m^3$，南海北部深水区储量为 $3.38\times10^8m^3$，南海南部深水区储量为 $5.3\times10^8m^3$，埃及（尼罗河三角洲）深水区储量为 $4.8\times10^8m^3$，孟加拉湾深水区储量为 $14.193\times10^8m^3$。

据英国 Douglas – Westwood 公司 2007 年预测，到 2010 年全球深水油气产量将达到约 4.5×10^8t。据调查，目前澳大利亚西北陆架深水区油气产量为 $4386.87\times10^4m^3$，西非深水和浅水区油气总产量为 $23457\times10^4m^3$，巴西东部海域油气产量为 $10368\times10^4m^3$，墨西哥湾油气产量为 $22076\times10^4m^3$，其中深水区油气产量占产量的70%。

经过三十余年的勘探开发，全球相继发现了一批大型深水油气田，深水油气的产量不断增加。1990—2015 年间全球深水区油气产量呈增长趋势。2006 年之后全球深水区石油产量进入了快速增长阶段，天然气产量在 2008 年之后有了显著的提升。2000 年全球海上油气产量约占总产量的 22%，深水油气产量仅占 1%；2010 年分别上升为 33% 和 7%，预计 2015 年深水油气产量所占比例将升至 15%。

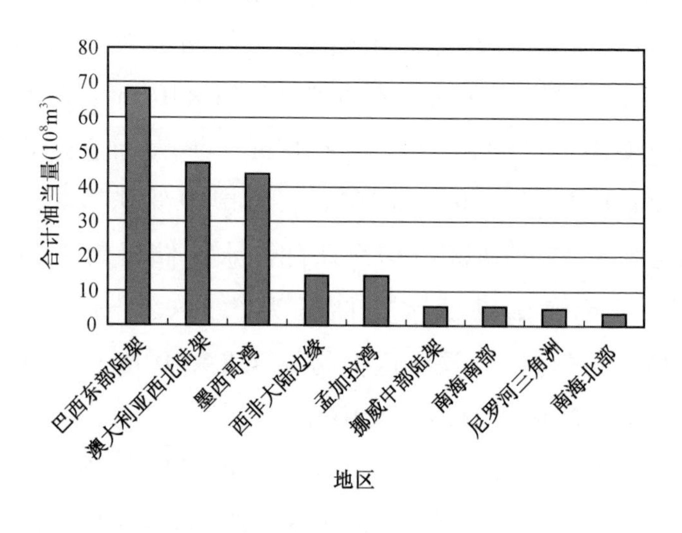

全球主要深水油气勘探区储量分布图

大型跨国石油公司拥有领先的深水勘探技术，已成为深水勘探开发的主力军，BP、埃克森美孚、壳牌、巴西国家石油公司、道达尔、埃尼、雪佛龙、挪威国家石油公司等国际石油巨头占 2003—2008 年间世界深海油气产量的 73% 以上。探测出的深水油气储量居世界前 10 位的公司是 BP、埃克森美孚、壳牌、巴西石油、道达尔、埃尼、雪佛龙、挪威国家石油、加州联合石油和 BG 公司。

目前，全球深海油气探明可采储量主要分布在以下国家：巴西、美国、安哥拉、澳大利亚、尼日利亚、阿塞拜疆、印度、挪威、印度尼西亚、埃及、马来西亚、赤道几内亚、英国、刚果共和国、菲律宾、毛里塔尼亚、加纳、科特迪瓦、以色列、中国、爱尔兰、墨西哥、加拿大、西班牙、意大利等。

据 IHS 美国能源咨询公司介绍，2003 年全球共有 46 个重大油气发现，西非安哥拉取得了 10 个深水油气发现，在西非尼日利亚发现 1 个深水油气田，在巴西 Santos 盆地发现了 $14.8\times10^{12}ft^3$ 的天然气。其中，水深大于 200m 的区域的油气发现占 70%，水深大于 1000m 的区域的油气发现占 65%。

2004 年全球共有 353 个油气发现，其中发现了 9 个深水油气田，均在南大西洋两岸海域，其中，安哥拉—刚果扇盆地 4 个，刚果 1 个，赤道几内亚 1 个，尼日利亚 2 个，南非海域 1 个。

2005 年全球共有 34 个主要油气发现，深水区油气发现至少有 11 个。其中安哥拉 4 个，刚果 1 个，赤道几内亚 1 个，挪威 1 个，印度 2 个，墨西哥湾 2 个。

截至 2007 年，全球深水区共发现 42 个大型油气田（水深大于500m，油气储量均大于5×10^8bbl油当量），总储量450×10^8bbl油当量。截至2008年年底，我国南海传统疆域共发现油气田95个，含油气构造122个。南海深水海域有含油气构造200多个，油气田180个。

1901—2008年间，全球探井数目达到了23.8040万口，其中，陆上地区探井20.4962万口，浅水地区探井2.9915万口，深水地区探井0.3163万口。

1985年，全球深水油气勘探成功率仅在10%左右，20世纪90年代以来，深水勘探成功率显著提高，平均值超过30%。其中，西非深水勘探成功率最高，下刚果盆地的地质勘探成功率高达80%以上，巴西深水钻探成功率为50%以上，墨西哥湾为33%，全球深水油气勘探成功率平均为30%左右。

5. 海洋油气勘探的起步

海洋石油勘探已经走过了百年历程。1890年，日本在其海岸用栈桥钻井开发海洋石油；1928年，原苏联在里海沿岸试采石油；1937年，美国在墨西哥湾开采石油，但产量很少；1947年，美国成功地建造了世界上第一个钢制平台。

总体来看，海洋石油勘探与开发经历了艰难起步、缓慢发展、稳定发展和快速发展四个阶段，现已取得了丰硕的勘探成果。

从全球范围看，上世纪70年代以前，油气勘探活动主要集中在陆地。海洋勘探的高难度、高技术、高投入、高风险的特性抑制了海洋勘探发展的步伐。进入到80年代后，由于勘探家们认识到陆地勘探程度已较高，可发现资源量越来越少，而海洋油气资源十分丰富。对海洋石油资源的渴望，加速了海洋地震勘探与钻探技术的发展，同时借助于飞速发展的计算机技术，海洋勘探尤其是深水勘探的进程得以快速推进。

6. 世界石油极地之波斯湾

从上世纪80年代到本世纪初，在海湾地区的数次战火昭示着人们，曾孕育过世界四大文明发源地之一的幼发拉底河、底格里斯河流域，建立过幅员广袤的波斯帝国，创立了世界三大宗教之一——伊斯兰教的这片土地，是永远不会被忽视的。如今，如果人们来到这块由印度洋和地中海环抱、亘古以来就是沙漠、半沙漠，但始终充满神秘感和诱惑力的地方，就可以听到那袅袅的乐音，看到身着长袍的穆斯林男女们在此过着舒适、悠闲、自在的生活。是什么使他们的生活如此闲适呢？是石油——地下埋藏的流动的棕色金子。海湾地区近代石油工业的崛起，使中东地区的政治和经济战略地位日益重要。地理上的中东地区包括17个国家，其中与油气工业息息相关的即地处波斯湾（又称阿拉伯湾）及邻近区域的国家，包括沙特阿拉伯、科威特、伊朗、巴林、阿拉伯联合酋长国、卡塔尔、阿曼和伊拉克等国家，面积共约 $474\times10^4km^2$（包括波斯湾 $24\times10^4km^2$）。

地质上我们将这个三面环海（地中海、红海和阿拉伯海），一面为扎格罗斯褶皱山系所夹持的区域称为阿拉伯板块。中生代以来阿拉伯板块与周围板块的相互作用，现已形成东部挤压，西部拉张，南部、北部为转换断层的构造格局。

中东地区的石油工业起步于20世纪初。1908年，在伊朗西南部，根据油苗钻探发现了该地区第一个大油田——麦斯杰得伊苏莱曼油田，但之后勘探进展缓慢。直到第一次世界大战和第二次世界大战之间的20世纪30年代初期，整个中东地区的石油工业开始迅速发展。首先是在巴林岛发现了一个大油田——阿瓦利油田；随后在沙特阿拉伯地表隆起处打的第一口探井又发现了油气。之后在中东其他地区大量油气田不断被发现。但直到第二次世界大战结束之前，中东的石油工业一直被控制在英、美、法等七国的大石油公司手中。从60年代成立石油输出国组织（OPEC，欧佩

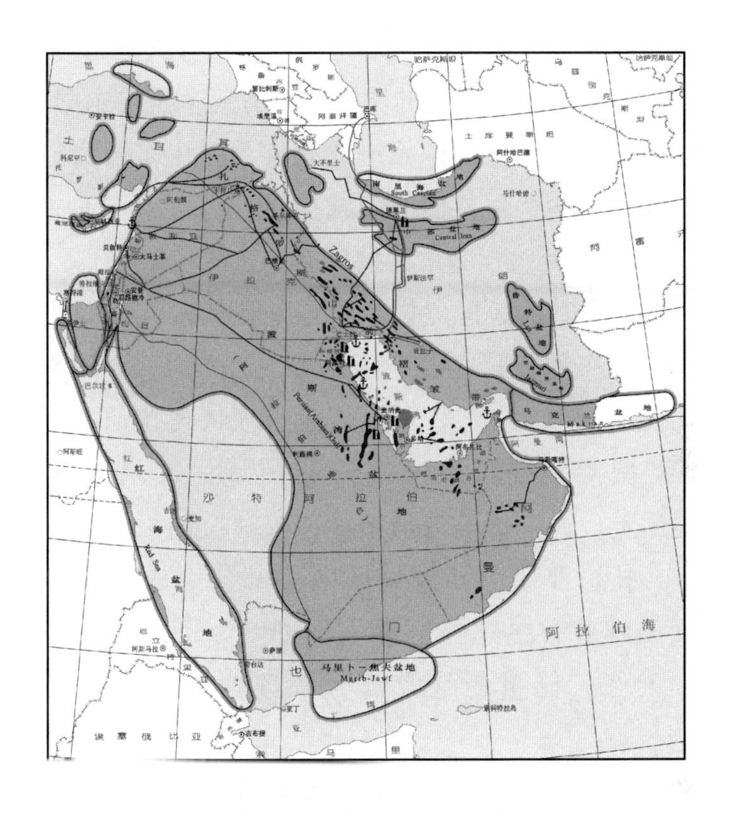

波斯湾及其两侧的油气田分布

克）开始，中东国家逐步实行石油工业国有化，收回石油资源，并控制了世界油价走势，利用巨额的石油收入大力发展本国经济。

中东地区的油气资源到底有多丰富？据 2010 年 6 月的最新统计数据，阿拉伯板块的石油可采储量为 1020×10^{8}t，天然气可采储量为 $76.2\times10^{12}m^{3}$，占世界石油可采储量的 56.1% 及天然气可采储量的 40.6%；

而且，随着勘探程度的提高，储量还将有所增加。

在石油储量前十位的国家中，有五个是中东国家；天然气储量前十位的国家中，有四个是中东国家。其中石油王国沙特阿拉伯的原油储量就占世界石油总储量的20%，天然气储量占世界总储量的4.22%。

像世界其他地区一样，中东地区的油气资源也不是平均分布的，其中的绝大部分（相当于98.56%的石油及97.51%的天然气）蕴藏于沙特阿拉伯、伊拉克、科威特、阿拉伯联合酋长国、伊朗、卡塔尔等国。在地质上，这个长条带是由被称为阿拉伯板块边缘油气区、扎格罗斯山前油气区两个部分组成。其余的油气田则分布在外围地区。也可以说，中东地区石油和天然气储量的绝大部分都蕴藏于波斯湾及其两侧。

1991年2月22日，伊拉克入侵科威特时，点燃了科威特727口油井。快速升腾的浓烟侵入大气层，不久就遮住了太阳。携带细小颗粒的烟雾和气体持续污染空气并迅速在全世界蔓延。很多油井失控喷油，在沙漠中形成黑色油湖，造成周围的绝大多数生命体死亡。如果按中等程度损失了10×10^8bbl计算（这显然是一个保守的估算），即损失量相当于科威特1997年底证实可采储量的1.06%。

石油及天然气储量前十位的国家（截至2010年6月）

序号	国家（地区）	石油储量（10^8t）	序号	国家（地区）	天然气储量（$\times10^{12}m^3$）
1	沙特阿拉伯	363	1	俄罗斯	44.38
2	委内瑞拉	248	2	伊朗	29.61
3	伊朗	189	3	卡塔尔	25.37
4	伊拉克	155	4	土库曼斯坦	8.1
5	科威特	140	5	沙特阿拉伯	7.92
6	阿联酋	130	6	美国	6.93
7	俄罗斯	102	7	阿联酋	6.43
8	利比亚	58	8	委内瑞拉	5.67
9	哈萨克斯坦	53	9	尼日利亚	5.25
10	尼日利亚	50	10	阿尔及利亚	4.5

尽管储量巨大，但由于受欧佩克成员国配额限制及世界油价等因素的影响，中东地区的石油产量只占世界石油产量的1/3。据BP世界能源2010年的统计数据，世界石油产量为38.2×10^8t，中东地区石油产量为11.56×10^8t，占世界石油产量的30.3%；全世界天然气产量为$2.98\times10^{12}m^3$，中东地区天然气产量仅为$4072\times10^8m^3$，只占世界天然气产量的13.7%。近年来，随着世界能源利用偏重天然气及液化天然气贸易的发展，中东地区的天然气产量已有所增加，并将持续增长。

7. 北海——海洋油气的重要产区

北海位于欧洲大陆与大不列颠群岛之间，海域的盆地面积约 $52\times10^4km^2$，分属英国、挪威、丹麦、德国、荷兰、比利时及法国。北海南浅（20～50m）北深（100～300m），设得兰群岛以北海域及挪威海沟水深均大于 300m。北海海底之下蕴藏着丰富的油气资源，是世界上蕴藏最丰富的油气区之一。该地区油气主要分布在英国及挪威所属海域内，荷兰及丹麦次之，而德国、法国及比利时所属的海域内迄今还没有商业性油气发现。

20 世纪 50 年代末，人们对西北欧陆架的地质认识还非常有限，再加上当时对大陆架归属问题缺乏国际公约界定，因而阻碍了近海油气勘探的进程。50 年代后期，北海周边国家就海底矿产资源的归属问题进行了商讨，于 1958 年在瑞士日内瓦召开的大陆架会议上达成了协议，该协议于 1964 年生效。

根据 1958 年日内瓦大陆架会议上达成的协议，英国、挪威、丹麦及荷兰在 1965—1966 年间通过双边谈判达成以中间线为原则划分北海矿产资源归属权的协议。然而，丹麦、德国及荷兰之间的海域争端，直到

1970 年才由国际仲裁法庭解决，德国由此得到了较大的大陆架面积。

1962 年，丹麦政府将其整个海域委托给一家公司进行油气勘探。1964 年 5 月 15 日，英国的大陆架法正式生效，从 1964 年到 2007 年，英国对北海的油气勘探开发进行了 25 轮招标，每个区块面积约为 $200km^2$。挪威从 1965 年到 2008 年底共进行了 20 轮对外招标，每个区块面积为 $550km^2$。德国于 1964 年将其所属的整个海域委托给一家集团公司，后来该集团公司将退还的区块转让给其他公司，但由于缺乏油气潜力，到目前为止石油界对其反响很小。荷兰海域直到 1968 年 5 月才对外开放，在随后的几轮招标中投出了大量的区块，每块面积约 $400km^2$。

8. 巴西东部大陆架深水勘探概况

巴西石油勘探起步较早，但长期只在陆上的已知油苗附近工作，因而进展不大。20 世纪 60 年代后期开始向海上转移，油气储产量也因此上了一个台阶。真正的油气储产量的快速增长时期是在 20 世纪 80 年代，源于深水油气田的发现。石油产量从 1980 年的 950×10^4t 增长到 1986 年的 2888×10^4t，期间年增长率为 20.4%；天然气产量从 1980 年的 $23.7\times10^8m^3$ 增长到1987年的$58.0\times10^{8}m^{3}$，年增长率为13.6%。

巴西为仅次于委内瑞拉的南美第二大油气资源国。截至目前，仅巴西东部大陆架深水区的油气储量就达$68.25\times10^{8}t$。而巴西东部被动陆缘盆地的油气分布极不均衡，目前已发现的油气田主要集中于坎波斯盆地以及与其相邻的桑托斯盆地和埃斯皮里图桑托盆地。

坎波斯盆地是巴西海上石油勘探生产的主战场，该盆地石油产量占巴西全国的3/4。1984—1996年间巴西近海重大的深水油气发现均来自该盆地。2000—2007年间巴西近海发现的10个大油气田中有7个位于该盆地。重要的油气田有Roncador、Marlim、Marlim E、Marlim Sul、Albacora、Albacora E、Barracuda等巨型或大型油气田。桑托斯盆地主要的油气田有Caravela油气田、Merluza天然气和凝析油田、Tubarao油田、Tupi油田、Jupiter油气田等。

坎波斯盆地基本位于海域，只有3%位于陆地，油气2P储量为$3995.19\times10^{6}m^{3}$油当量，是巴西主要的油气生产区。桑托斯盆地2006年油气2P储量为$928.56\times10^{6}m^{3}$油当量，近些年由于在盐下开采技术取得重大突破，油气储量大幅提升。巴西石油储量数据因此（主要来自海上）一再刷新，据2008年BP Statistical Review World Energy数据，截至2008年6月，巴西石油剩余探明可采储量为126×10^{8}bbl（约折合$20.03\times10^{8}t$），石油的储采比为18.2，天然气剩余探明可采储量为$3600\times10^8m^3$，天然气储采比为23.6。2009年初巴西国家石油总储量已达到500×10^8bbl。巴西石油储量跃升至全球第9位，成为世界上主要的石油生产国之一（张抗，2010）。海域石油储量占巴西石油总储量的88%。巴西的国家陆地、浅海油气产量趋于稳定甚至逐年减少，而深水区的产量在逐年增加。

上世纪60年代以来，巴西的油气勘探工作逐步转向海上，随着海上油气勘探的不断突破以及不断向深水发展，目前巴西已成为世界上深水油气开发的大国之一。

2007年巴西共获得11个石油新发现，有7个位于海域，其中重要的发现是巴西国家石油公司（Petrobras）在桑托斯盆地发现的Tupi油田，它是迄今巴西境内发现的最大的深水油田，水深6000ft，估计石油储量约（50~80）$\times10^8$bbl。

2008年巴西油气勘探工作再获新突破，共获得12个石油新发现，其中10个位于海域，主要位于海域内的桑托斯盆地和坎波斯盆地。位于桑托斯盆地的油气发现共7个，排名世界前3位的深水油气发现均位于此。分别为2008年9月巴西国家石油公司在桑托斯盆地发现的Iara油田，估计拥有石油储量35×10^8bbl油当量；第二大发现为2008年6月巴西国家石油公司在桑托斯盆地发现的Jupiter气田；第三大发现为2008年8月巴西国家石油公司在桑托斯盆地发现的Guara气田，该发现位于巴西海域桑托斯盆地 BM－S－9 深水区块，水深 2141m。

2010 年 6 月巴西石油公司宣布在坎波斯盆地海底盐层下发现了一个新的含油层，初步估计可开采油气储量达 3.8×10^8bbl 油当量。据介绍，该含油层位于 Marlim油田的深部，该区域水深 648m，距离里约热内卢州马卡埃市 170km。油井深度达 5000m，其中盐层厚度为 1000m，含油层位于井深 4460m 处，原油 API 为 29°的优质轻油。

近年来巴西石油产量增长迅速，由 1995 年的 71.8×10^4bbl/d 增加到 2007 年的 183.3×10^4bbl/d，增长了 155.3%。由于国内天然气输送能力匮乏以及天然气价格较高，巴西的天然气产量增长缓慢。未来巴西期望通过改造国内天然气管网以及停止石油气的燃烧来增加天然气产量。

9. 墨西哥湾深水勘探概况

墨西哥湾是世界深水油气勘探和开发的“金三角”之一。近半个世纪以来，墨西哥湾已逐渐成为重要的石油天然气来源地，随着该地区近岸水域和浅水水域油气产量的下降，石油公司开始将目光转向开发分布在水深 1000ft（305m）或更深水域的油气资源。

墨西哥湾地区已经成为全球石油工业在深水领域开展油气勘探开发的焦点。

1975 年 Shell 公司在位于密西西比峡谷水深约 313m 处发现了 Cognac 油田，揭开了墨西哥湾深水油气勘探的序幕。墨西哥湾的 Trident 油田最大钻井水深现可达到 3272m。截至目前，墨西哥湾深水油气总储量约为 $43.636\times10^8m^3$。其中美国墨西哥湾深水区为 $29.256\times10^8m^3$，墨西哥国墨西哥湾深水区为 14.38×10^8t。

美国墨西哥湾：美国将其辖区内的墨西哥湾盆地按深度分为“浅水区”（<305m）和“深水区”（>305m）两部分。美国墨西哥湾的大气田多位于深水区。Thunder Horse 油田是 1999 年发现于墨西哥湾的一个大型深水油田；Tiber 油田是位于美国墨西哥湾 Keathley 峡谷 102 区块的“巨型”深水油田，由英国石油公司于 2009 年 9 月发现。

1995 年墨西哥湾石油原始可采储量为 16.82×10^8t，天然气储量为 $4.06\times10^{12}m^3$，到 1996 年美国的新增石油储量主要来自墨西哥湾油气区。1999 年在墨西哥湾深海区水深 1850m 处发现了雷马油田探明储量为 1.03×10^8t 石油和 $215\times10^3m^3$ 天然气，估计总可采储量超过 1.37×10^8t 油当量。

2001 年美国墨西哥湾深水区的年产油量（271×10^6bbl）首次超过浅水区（252×10^6bbl），之后浅水区的产油量逐年递减，而深水区逐年增加。2007年深水区和浅水区的年产油量分别为328×10^6bbl和140×10^6bbl，深水区的石油和天然气产量分别占美国墨西哥湾总产量的70%和36%。

美国墨西哥湾99%的探明储量位于中中新世以及更年轻的地层中，油气总量为621×10^8bbl（$98.739 \times 10^8 m^3$），其中水深大于1000ft（305m）的深水区油气当量为184×10^8bbl（$29.256 \times 10^8 m^3$）。

自1975年以来，美国在墨西哥湾深水区（>305m）共发现285个油田；1995年墨西哥湾共发现899个油气田；2000—2004年间，墨西哥湾深水区（>305m）共获得50个油气发现，包括28个1000m以上的超深水发现；在2000—2007年间总共发现了6个大型油田。2008年的勘探活动获得了15个新的深水发现，其中有5个新发现位于水深超过1524m（5000ft）的水域。

进入21世纪以来，美国在墨西哥湾地区的油气勘探开发活动更加活跃，钻井数量持续增加，2001年已达968口。2008年3月10日，美国墨西哥湾区块的租赁吸引了37亿美元的投标资金，有603个区块获得了投标，其中69%的区块位于深水区。之后，在2008年8月和2009年3月的投标活动中，深水区的区块的比重都超过了70%。

墨西哥国墨西哥湾：相比较美国的墨西哥湾油气

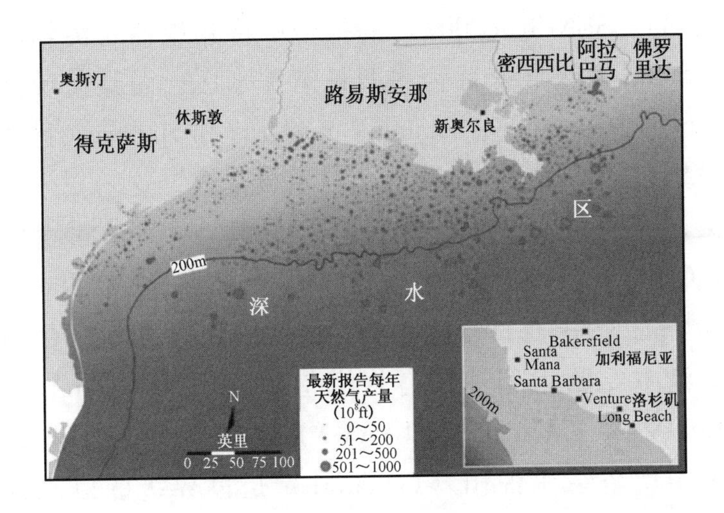

美国墨西哥湾气田分布图

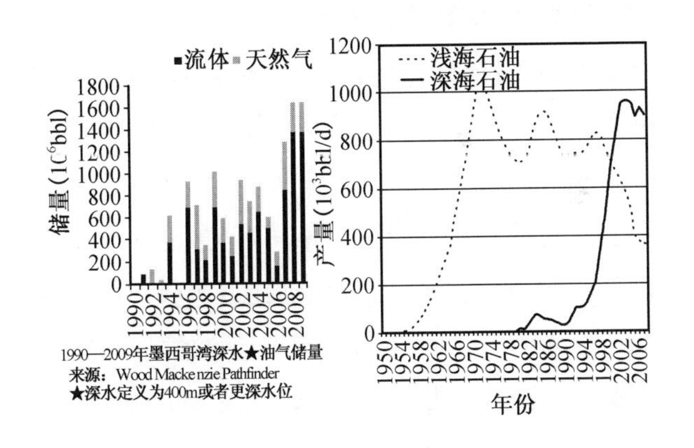

美国墨西哥湾深水区油气储量和产量变化图

勘探开发活动而言，有关墨西哥在墨西哥湾油气勘探和储量的数据较少，这部分的主要内容来自墨西哥能源部 2007 年和 2008 年的两个报告（SENER，2007，

2008)。SENER(2007)的报告中将其墨西哥湾辖区>500m的区域统称为墨西哥湾深水区,而其传统的Burgos、Tampico – Misantla、Veracruz和Southeast盆地分别包括了陆上和陆架浅水区部分。根据这一划分方案,SENER(2007)预测墨西哥湾>500m深水区(面积约$57.5\times10^4km^2$)的石油储量约为300×10^8bbl,占墨西哥石油总储量的55%。墨西哥国墨西哥湾主要的大型油田有坎塔雷尔油田(Cantarell)、Ku – Zaap – Maloob(KUZAMA)油田、Sihil油田等,其中坎塔雷尔油田(Cantarell)是世界级的巨型油气田。

据墨西哥本国统计,截至2007年底,墨西哥的石油探明储量为14.38亿吨,居世界第16位,天然气的估计探明储量为3679亿立方米,居世界第35位。2008年,墨西哥能源部为了方便对其辖区海域内油气勘探开发活动的行政管理,将其产油区(包括陆地和海上部分)分别划分为北部区域(包括传统的Sabinas、Burgos和Tampico – Misantla含油气盆地以及部分海上区域)、南部区域(以Veracruz和Southeast盆地为主)、东北海区(以Cantarell产油区为主)和西南海区(除上述区域海上部分的以外区域)。其中,2007年东北和西南两个海区生产的原油总量为1099.8×10^6bbl,约占墨西哥石油总产量的98%。因此,墨西哥在墨西哥湾油气勘探开发的总趋势也是由传统的陆上油田向墨西哥湾深水区进军。

对墨西哥湾异地盐下深水砂岩储层的勘探是北美油气勘探的一个新领域。盐下勘探的主要区域为南路易斯安那大陆架，区域上该勘探带位于一系列的陆内盐盆地（东得克萨斯、北路易斯安那和密西西比盐盆地）和得克萨斯—路易斯安那斜坡之间。

对盐下区带的钻探活动始于上个世纪 80 年代早期，第一口盐下发现井由 Exxon 公司在 Mississipi 峡谷 211－1 井钻于 1989 年底至 1990 年初，钻穿了 3000ft（990m）的盐层。Exxon 公司报告中的总储量为 1×10^{8}bbl 甚至更多。该远景区在 4400ft（1300m）深的水下，截止 1997 年已有超过 30 口井以盐下区带为目标，共有 8 个发现，其中至少有 3 个具有商业价值。根据至少 25 个的重要油田数据信息估计，盐下区带潜在的储量为 12×10^{8}bbl 的油和 $15\times10^{12}ft^{3}$ 的天然气。

近几年勘探界已认识到盐下构造大而简单，与陆棚比较相似，建立了合理的深水地质模型，采用超深钻井技术钻了 15 口探井，成功率达到 33%～50%，于 1999 年发现了 Crazy Horse 油田，估计可采储量为 10×10^{8}bbl，是迄今墨西哥湾深水勘探最重要的发现。之后又有一批大的发现，估计储量达 15×10^{8}bbl。另外，1991 年在墨西哥湾中心 Atwater 峡谷 63 区块没有发现中新世香普兰统盐圈闭，1999 年在该区块有效应用三维地震数据后，初步界定为盐核背斜圈闭。相似盐核背斜在 Green 峡谷密西西比扇体褶皱带区已被证实有油气存在。2000 年第一季度 Texaco 和 Agip 合钻的 Champlain 井证实，Atwater 峡谷 63 区块中新世中期发育的优质砂岩中有较好的油气存在。

10. 西非大陆边缘深水勘探概况

大西洋海域盆地是非洲深海盆地油气勘探和开发工作最集中的区域，西非深水盆地位于南大西洋东部的非洲被动大陆边缘地带。西非中段重点盆地包括尼日尔三角洲盆地、加蓬海岸盆地、下刚果盆地以及宽扎盆地。西非北段发育阿尤恩—塔尔法亚盆地和塞内加尔盆地两个重点盆地，北段和南段油气区的盆地面积大、勘探程度低，具有较大的勘探空间。

西非勘探程度较高的深海盆地主要为几内亚湾海盆及安哥拉深海盆地，它们和巴西近海、美国墨西哥湾都是备受勘探界关注的世界三大深海油田，其中几内亚湾深海区（包括尼日利亚、赤道几内亚、喀麦隆安哥拉）被称为“金三角”中的“金矩形区”海域，是目前油气勘探工作最集中的海区。

深水区油气资源是近些年来西非储量的主要增长点。2003 年尼日尔三角洲盆地深水油气生产取得了重大进展，有 6 个油气田投入生产，截至 2005 年，盆地共有探井3582口，探井钻探成功率为49.9%，已发现732个油气田（陆上373个，海上359个），深水区的储量有了大幅度的提高。实践证明，尽管尼日尔盆地整体勘探程度较高，但近年来仍不断有新发现，特别是深水区，发现的规模非常大。从2002年开始，安哥拉宽扎盆地深水储量占盆地油气总储量的比重越来越大，2006年深水储量比重超过50%，预计未来其比重将会越来越大。1995年之后在西非超过1000m的深水处发现了大量有大储量的气田。

根据美国地质调查局2010年统计数据，西非海域已经探明油气储量达$185.796 \times 10^8 m^3$（油当量），其中石油储量为$114.161 \times 10^8 t$，天然气储量为$122.57 \times 10^{12} ft^3$（折油当量$54.023 \times 10^8 m^3$），液化天然气（NGL）储量为$17.612 \times 10^8 m^3$（USGS，2010）。截止目前，西非大陆边缘深水地区油气储量为$14.3 \times 10^8 t$。

截至2007年底，西非海岸盆地共发现油气田1441个，海上发现885个（61%），陆上556个（39%）。这些已经发现的西非被动陆缘盆地油田的规模变化极大。

按照Mann P. L.（1998）的世界级大油气田定义（最终可采油当量超过$5 \times 10^8 bbl$），截至2008年，西非海岸盆地群共发现世界级大油气田71个，其中尼日尔三角洲盆地最多，为59个，其次是下刚果盆地10个，加蓬盆地和科特迪瓦盆地各1个，它们的可采储量为 62386.44 $\times 10^6$bbl 油当量，占整个西非海岸盆地群已发现可采储量的 34%。

非洲西部深水区（水深超过 450m）主要的巨型油田（储量大于 14000 $\times 10^4$t）有 5 个，分别为达利亚油田、班扎拉油田、吉拉索尔油田、库伊托油田和邦加油田，储量达 7.4 $\times 10^8$t。

在西非陆缘的加纳、尼日尔、喀麦隆、赤道几内亚、刚果民主共和国、加蓬和安哥拉被动陆缘的陆坡上，水深 500~3000m 范围内也已发现大量的油气藏，截至 2005 年，西非深水区已经发现了 17 个油气田，储量为 14.3 $\times 10^8$t。

截至 2007 年 7 月，西非共完钻探井 7639 口，其中海域共钻探井 3676 口（48%），陆上钻探井 3963 口（52%）。共完成预探井 2296 口，占非洲预探井总数的 46%，海域共钻预探井 913 口，占非洲海上预探井总数的 78%，陆上钻预探井 1383 口，占非洲陆上预探井总数的 36.3%。

在西非地区，因浅水区产量稳定，投资额度甚至有所下降，因此资本性支出也基本保持不变。2005 年西非深水投资额就超过浅水部分。2007—2012 年间西非深水勘探开发投资费用预计将增加 80%，而浅水的勘探投资费用只增加 17%。

11. 挪威中部陆架深水勘探概况

挪威高度发达的经济依赖于油气资源的开发，近海石油工业成为挪威经济的重要支柱，2005 年挪威的 GDP 为 2950 亿美元，比 2004 年增长 2.5%，2006 年又增长 2.2%。挪威为世界非 OPEC 主要的石油生产国、西欧最大的石油生产国、世界第三大石油出口国。

挪威拥有丰富的油气资源，为西欧最大的油气资源国。挪威的油气生产主要在北海（77%）。据 2006 年《BP Statistical Review of World Energy》报道，截至 2005 年底挪威石油探明可采储量为 97×10^8bbl，天然气探明可采储量为 $24100\times10^8m^3$。

据 2010 年 EIA 报道，2009 年挪威石油探明储量为 67×10^8bbl，天然气探明储量为 $81.7\times10^{12}ft^3$，其中挪威海石油探明储量约为 16×10^8bbl（约 2.2×10^8t），天然气探明储量为 $10\times10^{12}ft^3$（约 $2830\times10^8m^3$）。

1980 年以来，挪威在北海北部地区的油气发现越来越少，勘探活动中心开始从北海向挪威中部陆架和巴伦支海转移，从此挪威中部陆架进入了勘探开发阶段。

1997 年，Norsk Hydro 石油公司在位于挪威近海 100km 左右区域发现了 Ormen Lange 气田，这是挪威中部陆架深水区第一个商业性油气发现，也是除了挪威北海的 Troll 气田之外第二大天然气发现。

到目前为止，在中挪威陆架陆续发现了一些规模较小的油气田，如 Trestakk 油田、Tyrihans 油田、Lavrans 油田、Njord 油田、Smørbukk 和 Smørbukk 南油田等。

12. 澳大利亚西北陆架深水勘探概况

澳大利亚西北陆架被动陆缘深水区是目前全球油气勘探开发的热点地区之一，本区的深水油气勘探始于 1979 年，尤其是 1992 年以来，得益于三维地震资料和大量的地震解释技术的运用，深水油气勘探成功率可达到 50%。

澳大利亚西北区域是澳大利亚最重要的油气产区，以位于海域的西北陆架为主体，占整个澳大利亚油气产量 80% 以上的份额。澳大利亚西北陆架被动陆缘主要包括北卡那封盆地、波拿巴盆地、布劳斯盆地及柔布克盆地等。

澳大利亚西北陆架的油气分布具有区域上的不均一性，油气主要富集于诸如巴罗次盆、丹皮尔次盆、埃克斯茅斯次盆、武尔坎次盆、Sahul Flamingo Nancar

地区、Mallta 地堑和 Caswell 次盆等若干个富烃凹陷中。总体上天然气和石油的地质储量比约为4：1，表现出“富气贫油”的特点。油气田在平面上的分布跟中国南海的“内油外气环带有序分布”类似，呈现“内油外气”的特征，一系列侏罗系“甜点”沿沉积中心分布。大型、超大型气田主要分布在远岸带的深水区，比如 Jansz 气田、Gordon 气田、Scarborough 气田和 Sunrise Troubadour 气田等大型气田。500m 水深附近的中带区域同样发育大型气田和大中型油田，比如北兰金气田、Ichthys 气田、古德温油气田、哥萨克—先锋油田和 Puffin 油田等。

在2000 年 Jansz –1 钻井过程中发现了 Jansz 气田，气层厚度约400m，估计储量可达 $20\times10^{12}ft^3$。2005 年发现了 Pluto 气田，位于卡那封盆地，储量约为 $4.6\times10^{12}ft^3$。Wheatstonc 气田位于卡那封盆地，天然气储量（油当量）为 $1.3\times10^8m^3$。斯卡伯勒气田发现于 1979 年，水深900m，储量为 $8\times10^{12}ft^3$，甲烷含量约95%。

截至2006 年底，澳大利亚滨岸勘探井共有 1040 口，其中仅有61 口井在深水区，并且仅有一口井的深度超过1500m。大多数深水勘探钻井位于西北陆架区域。自 1979 年以来，在深水区探明储量大约为 94×10^8bbl 原油当量，其中94%为气，6%为油。同时在澳大利亚其它地方，深水钻井很少，南部边缘仅有 7 口探井，在西南或者东部边缘由于勘探前景不大尚没有进行深水探井。北部地区的盆地钻井主要位于深水区。

澳大利亚的第一口勘探井（Barracouta - 1 井）于1964年被偶然发现。随后的42年里，在澳大利亚滨岸地区（$1190 \times 10^4 km^2$）钻探了大约1040口远离海岸的勘探井。澳大利亚的深水区油气发现主要位于西北陆架南部的北卡那封盆地和波拿巴盆地之间，表现为气多油少。

澳大利亚早期的油气大多数位于陆上，近几年伴随着海上油气的勘探与开发进程，特别是深水区尤其是西北陆架的油气资源的发现，其石油及天然气储量成倍增长，澳大利亚在世界能源市场上的地位逐年上升。油气资源丰富的地区主要为西北陆架区域（北卡那封盆地、波拿巴盆地和布劳斯盆地）、陆上中部地区（库珀盆地和阿马迪厄斯盆地等）、东南部海岸盆地区（吉普斯兰盆地、Bass 盆地等）以及西部海岸区域的珀斯盆地。西北陆架区域气藏全部为常规天然气，截至目前没有煤层气发现。

根据澳洲地球科学2010年的能源资源评估报告统计，澳大利亚总的常规天然气地质储量为 $193.63 \times 10^{12} ft^3$，石油地质储量为 $13413.01 \times 10^6 bbl$。其中海域常规天然气地质储量为 $184.88 \times 10^{12} ft^3$，占天然气总储量的94.91%，石油地质储量为 $12730.73 \times 10^6 bbl$，占石油总储量的95.48%。陆上常规天然气地质储量为 $8.75 \times 10^{12} ft^3$，占天然气总储量的5.09%，石油地

质储量为 682.28×10^6bbl，占石油总储量的4.52%。

国土资源部油气资源战略研究中心2009年对澳大利亚油气资源统计显示，1962年的天然气剩余可采储量仅为 $10\times10^8m^3$，1965年增至 $1220\times10^8m^3$，1972年又增至 $8231\times10^8m^3$，在1981年下降至 $5236\times10^8m^3$，在随后的十几年基本保持不变。1992年随着深水勘探工作的进行，深水盆地有利区块陆续发现，天然气剩余可采储量在1992年上升至 $12633\times10^8m^3$，2000年增至 $25485\times10^8m^3$。伴随着开采工作的进行，天然气剩余可采储量也有所下降，2002以来基本在 $8000\times10^8m^3$ 左右。

13. 孟加拉湾深水勘探概况

孟加拉湾周边主要的含油气盆地为孟加拉（Bengal）盆地、克里希纳—戈达瓦里（Krishna－Godavari）盆地和科罗曼德尔（Cauvery）盆地。孟加拉湾地区勘探工作主要涉及印度、孟加拉国及缅甸三个国家。

印度是孟加拉湾石油天然气勘探的主要国家之一，1999年对外推出了48个区块，其中有12个位于深水区，国有的石油天然气公司（ONGC）不久前还在孟加拉湾获得该国第一个深水发现：G－1AA井位于克里希纳—戈达瓦里盆地，该井日产油3600bbl和日产

气 $1.4\times10^6ft^3$。2006 年，在孟加拉湾深水区获得重要发现，钻探了日产原油约 500t、天然气 $4.0\times10^4m^3$ 的探井。

缅甸也是孟加拉湾石油天然气勘探的主要国家之一，缅甸的天然气储量位居世界第十，油气资源主要集中在本国西南部的孟加拉湾，缅甸近海的气田日产原油约 8500bbl、天然气约 $9.5\times10^8ft^3$。

14. 东非深水勘探概况

东非地区油气勘探程度很低，目前仅发现少量天然气和稠油带。其中比较大的气田有埃塞俄比亚的 Calub 气田、坦桑尼亚的 SongoSongo 气田和莫桑比克的 Pande 气田，累计天然气储量约 $42.76\times10^9m^3$。稠油带主要发现于马达加斯加的 Bemolanga 地区，原始地质储量（3.2～4.7）$\times10^8t$。虽然目前尚未发现具一定规模的油田，但是油苗和油气显示很多，表明具有一定的勘探潜力。同时肯尼亚、坦桑尼亚、莫桑比克和马达加斯加的沿海及深海地区也逐渐成为了重要的勘探远景区，与大型水系相关的三角洲及深水扇有可能成为未来勘探的突破点。最近，阿纳达科石油公司在莫桑比克海上鲁伍马盆地距海岸 48km、水深 1460m 处钻探了 6 口井，在 2 个区块发现了厚达 38m

的储层，说明东非深水海域亦有可能成为重要的油气产区。随着2012年接连不断的油气发现，东非油气的开发吸引了全球越来越多的目光，目前的东非正引领着新一轮非洲油气大开发。从2012年年初开始，埃尼、阿纳达科陆续在莫桑比克东部海上获得了7个大型天然气发现，巨大的天然气资源潜力也吸引着越来越多的公司进入该国。2011年10月意大利能源巨头意大利埃尼公司宣布在莫桑比克海上发现了一个巨型气田，这个巨型气田的Mamba Sud区域可能蕴藏着高达$4250 \times 10^8 m^3$的潜在天然气储量。2013年2月25日埃尼公司在莫桑比克盆地深水区发现天然气聚集，此次发现确认4区块拥有高达$75 \times 10^{12} ft^3$天然气的巨大潜力。

15. 莫霍计划

莫霍计划（Project Mohole）是美国一项试图钻穿地壳到达莫霍面的计划。该项计划最早于1952年由美国多样性协会（American Miscellaneous Society，AMSOC）向国家科学基金会（National Science Foundation，NSF）提出建议，最终于1958年被采纳。1961年3月23日至4月12日期间，美国多样性协会使用“CUSS I号”船在墨西哥瓜德罗普岛近海3558m水深处钻了 5 口深海钻井，最大井深 183m。这是首次在深海海底打钻成功，并且发现中新世的海底沉积层是由至少 13m 的玄武岩组成。尽管获得了初步的成功，但是该计划受到了来自政治和经济上的影响，最终美国众议院于 1966 年 8 月 18 日否决了对该计划的拨款。莫霍计划因此搁浅。

16. 深海钻探计划（DSDP）

深海钻探计划（Deep Sea Drilling Program，DSDP）是 1968 年至 1983 年期间实施的一项全球性大洋钻探计划，是指在大洋和深海区进行钻探，通过获得的海底岩心样品和井下测量资料来研究大洋地壳的组成、结构、成因、历史及其与大陆关系的一项海底地球科学研究计划。

1964 年 5 月，迈阿密大学海洋科学研究所、哥伦比亚大学拉蒙特—多尔蒂地球观测所、加利福尼亚大学斯克里普斯海洋研究所及伍兹霍尔海洋研究所联合组成了地球深部取样海洋研究机构联合体（Joint Oceangraphic Institutions Deep Earth Sampling，JOIDES），不久华盛顿大学加入联合体。1965 年，JOIDES 在美国佛罗里达半岛东海岸钻了 14 口井，取得了一些很有价值的成果。1966 年 6 月 24 日，美国国家科学基金会指定加利福尼亚大学斯克里普斯海洋研究所为JOIDES的操作单位，与之签订协议，由基金会提供1260万美元实施深海钻探计划，以取代耗资不菲的莫霍计划。1968年，深海钻探计划的专用钻探船，由环球海洋钻探公司建造的“格罗玛·挑战者号”建成下水并交付使用。

在1968年至1983年的15年里，“格罗玛·挑战者号”完成了96个钻探航次，总里程超过60×10^4km，在624个钻位上钻探了1092个深海钻孔，采集深海岩心总长超过97km，采集范围覆盖了除北冰洋之外的全球各大洋。随着第一阶段（1—9航次）、第二阶段（10—25航次）和第三阶段（26—44航次）的顺利展开，1975年，苏联、联邦德国、英国、日本等国也加入了该项计划，深海钻探计划进入了大洋钻探的国际协作阶段（International Phase of Ocean Drilling，IPOD），又称“国际大洋钻探计划”。IPOD是深海钻探计划的第四阶段，它继续延用DSDP的航次和编号，1975年12月第45航次开始了国际大洋钻探计划的钻探活动，重点研究洋壳的组成、结构和演化。1983年11月，“格罗玛·挑战者号”退役，接替它的是更加先进的“乔迪斯·决心号”，深海钻探计划也随之改称为大洋钻探计划（Ocean Drilling Program，ODP）。

格罗玛·挑战者号

深海钻探计划最重要的成果就是验证了海底扩张学说和板块构造学说。此外还根据海底钻探所取得的岩心，重建了大西洋的海底扩张历史，提出距今约90Ma前，南极洲与澳洲、南美洲先后脱离，逐步形成了大西洋。还证明了印度板块曾以超过10cm/a的速度向北漂移，在近65Ma间移动了4500km。

17. 大洋钻探计划（ODP）

大洋钻探计划（Ocean Drilling Program，ODP）是1985年至2003年实施的，通过钻探取得的岩心来研究大洋地壳的组成、结构以及形成演化历史的国际科学合作钻探计划。这是一项通过在大洋底部钻探以进入地球内部采集洋底沉积物和岩石样本进行基础研究的国际合作项目，是深海钻探计划（DSDP）的延伸。1985 年，随着钻探船“乔迪斯·决心号”的试航，该项目正式开始运作。从 1985 年到 2003 年间，大洋钻探计划共实施了 111 个航次的调查，行程 355781n mile，足迹遍布全球各大洋，取得了令人瞩目的成果。2004 年该计划发展成为综合大洋钻探计划（IODP）。

乔迪斯·决心号

在 1982 年深海钻探计划（DSDP）进行到最后阶段时，学者们认为，有必要将深海和大洋的钻探继续下去，应该制定一项更长期的国际性大洋钻探计划，提出了新计划组织框架和优先研究的领域。大洋钻探计划从 1985 年 1 月开始实施，由美国科学基金会和其他 18 个参加国共同出资，大洋钻探计划的学术领导机构是 JOIDES（地球深部取样海洋研究机构联合体），具体的执行和实施机构是得克萨斯农业与机械大学，哥伦比亚大学的拉蒙特—多尔蒂研究所负责测井工作。大洋钻探计划（ODP）是深海钻探计划（DSDP）的继续。DSDP 的编号为 1—99 航次，ODP 则自第 100 航次起编号，每一个站位可以钻一口或几口井。ODP 采用“乔迪斯·决心号”钻探船，船长 143m，宽 21m，钻塔高 61m，排水量 16862t，钻探能力可达 9510m，钻探最大水深为 8235m。随船携带了直径 127mm 和 140mm 的钻杆 9150m。“乔迪斯·决心号”钻探船比“格洛玛·挑战者号”钻探船的装备条件和技术能力要强得多，具有先进的动力定位系统、重返钻孔技术和升沉补偿系统，可在暴风巨浪条件下进行钻探作业。船上有 7 层共 $1400m^2$ 实验室，可供地质学各学科的分析、测试和实验。1985—1992 年间，“乔迪斯·决心号”钻探船，航行于世界各大洋，钻探了 244 处洋壳，在 590 个钻孔中采取了 50 万个岩石样品，累计岩心长度 68km。中国于 1998 年春加入了大洋钻探计划（ODP），“乔迪斯·决心号”钻探船于 1998 年 2 月 18 日到中国南海，作为 ODP 第 184 航次的站位，历时 2 个月，在南海南北 6 个深水站位钻孔 16 口，连续取心 5500m，采取率达 95%。ODP 184 航次揭示了南海演变史，发现了 30Ma 前海底扩张、20Ma 前地质和气候突变等证据，圆满完成了由中国科学家担任首席科学家、有9名中国学者参加的中国海区第一次大洋钻探项目。

国际大洋钻探计划（ODP，1985—2003）及其前身深海钻探计划（DSDP，1968—1983），是20世纪地球科学规模最大、历时最久的国际合作研究计划，而我国于1998年才正式加入ODP计划，成为ODP历史上第一个“参与成员”。与此同时，由我国汪品先院士等提出的大洋钻探建议书“东亚季风历史在南海的记录及其全球气候影响”，在1997年全球排序中名列第一，并作为ODP第184航次于1999年春天在南海顺利实施。作为中国海的首次大洋钻探，184航次是根据中国学者的思路、在中国学者主持下、在中国人占优势的情况下实现，无疑是我国地球科学界的一大胜利，标志着我国在这一领域的研究已跻身国际先进行列。

南海的ODP第184航次在南海南北6个深水站位钻孔17口，取得高质量的连续岩心共计5500m。在国家自然科学基金委的大力支持下，经过几年艰苦的航行后，取得了数十万个古生物学、地球化学、沉积学等方面的高质量数据，建立起世界大洋32Ma以来的古环境和地层剖面，也为揭示高原隆升、季风变迁的历史，及了解中国宏观环境变迁的机制提供了条件，使我国地质科学进入海陆结合的新阶段。

具体进展如下：

在不同时间尺度上建立起了西太平洋区迄今为止最佳的深海地层剖面。其中，南海北部1148站26Ma来的同位素记录，是世界大洋迄今为止唯一不经拼接的晚新生代连续剖面；东沙海区的1144站取得的近1Ma来的第四纪地层厚近500m，为高分辨率古环境研究提供了宝贵资料。

揭示了气候周期演变中热带碳循环的作用。南沙1143站5Ma的碳同位素记录展现出从0.4Ma的偏心率长周期到0.1Ma的半岁差周期，大大丰富了对于气候周期演变历史的认识。热带气候变化可以通过碳循环对冰期旋回的进程和规律产生影响，使得地球系统以水循环和碳循环相互结合、短周期和长周期相互叠加的形式不断演化，并呈现出高纬区冰盖驱动和低纬区热带驱动的共同特征。

东亚季风演变的深海记录。184航次首次为东亚季风的历史研究取得了深海记录，研究表明南海记录的古季风信息以冬季风为强，东亚和南亚季风的演变阶段性十分相似，然而在轨道驱动的周期性和识别古季风的替代性标志上不一样。同时，南海深水记录中的季风变迁与我国内地的黄土剖面对比良好，为我国气候历史研究的海陆对比提供了依据。

南海演变的沉积证据。1148站的地层覆盖了几乎南海海盆扩张的全部历史，第一次为盆地演化过程研究提供了沉积证据。渐新统深海相的发现，表明海盆扩张初期已经有深海存在。而渐新世晚期约 25Ma 前的构造运动，揭示了东亚广泛存在的古近纪、新近纪之间巨大构造运动。

除学术上取得的进展外，南海大洋钻探研究也促进了我国深海基础研究及其基地建设的发展，加速了人才的培养，并已初步形成了一支面向国际的深海研究队伍。特别是南海大洋钻探的成功和我国在大洋钻探方面的国际活动，使我国在深海研究领域中的国际学术地位明显增高。ODP 计划已于 2003 年结束，现已进入“综合大洋钻探（IODP）”新阶段，已掀起了一个深海研究的新高潮。我国应抓紧时机，争取在新一轮的国际合作中发挥重要作用。

18. 综合大洋钻探计划

综合大洋钻探计划（Integrated Ocean Drilling Program，缩写为 IODP）是深海钻探计划（DSDP）和大洋钻探计划（ODP）的延续，于 2003 年开始实施，钻探范围扩大到全球所有洋区，领域从地球科学扩大到生命科学，手段从钻探扩大到海底深部观测网和井下试验的国际科学合作钻探计划。

综合大洋钻探计划（IODP）是以“地球系统科学”思想为指导，计划打穿大洋壳，揭示地震机理，查明深海海底的深部生物圈和天然气水合物，理解极端气候和快速气候变化的过程，为国际学术界构筑起新世纪地球系统科学研究的平台，同时为深海新资源勘探开发、环境预测和防震减灾等实际目标服务。它将为我们人类了解海底世界、研究地球变化、勘探各种资源（矿产资源、油气资源和生物资源等）开辟一条新途径。

在 IODP 计划之前，世界上已经历过两个大洋钻探计划：深海钻探计划（Deep - Sea Drilling Program，DSDP，1968—1983）和大洋钻探计划（Ocean Drilling Program，ODP，1983—2003）。这是迄今为止历时最长、成效最大的国际科学合作计划。2003 年 10 月 ODP 计划结束时，一个规模更加宏大、科学目标更具挑战性的新的科学大洋钻探计划——综合大洋钻探计划（IODP）即将开始实施。

综合大洋钻探计划的一个主要特点是它将以多个钻探平台为主，除了类似于“决心号”这样的非立管钻探船以外，加盟 IODP 计划的钻探船将包括日本斥资 5 亿美元正在建造的 5、6×10^4t 级的主管钻探船。一些能在海冰区和浅海区钻探的钻探平台也将加入 IODP。此外，美国自然科学基金委员会正在考察重新建造一艘类似于“决心号”，但功能更完备的新的考察船。IODP 的航行将进入过去 ODP 计划所无法进入的地区，如大陆架及极地海冰覆盖区。它的钻探深度由于主管钻探技术的采用而大大提高，可深达上千米。IODP 也因此将在古环境、海底资源（包括气体水合物）、地震机制、大洋岩石圈、海平面变化以及深部生物圈等领域里发挥其重要而独特的作用。

通过大洋钻探计划，人们可以更多地了解海底的秘密：发现了新的、更好的能源——天然气水合物及深海石油；发现了形形色色的海底微生物，为生物学及古海洋学的研究提供了宝贵资料；解开了一些世界之谜，如沉没的亚特兰蒂斯城。神秘的海底还隐藏着很多的秘密，等待人们去探索、去发现。

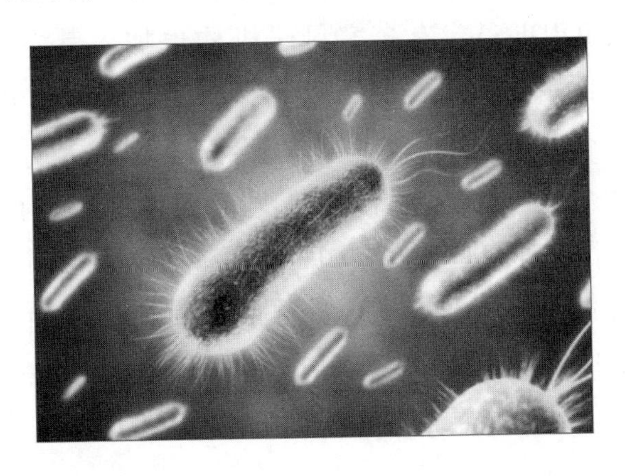

深海底质钻探发现亿年古老“僵尸”微生物

通过大洋钻探计划，钻探船在海底隆起地带的左右两边对称打点，发现两边的结构和成分是完全相同的。在离海底隆起地点更远的地方对称打孔，仍发现其物理、地理特征也是对称的。这就证明了大陆漂移与海底隆起及海底运动有关，从而揭开了板块漂移的原因！

海底以下数千米深部仍然有大量微生物存在，被称为“深部生物圈”，其总量估计占全球生物量的1/10至1/2。深部生物圈的研究对于探索全球的物质循环、环境演变、生命起源与生命本质规律，以及开发利用极端生物资源均具有重要意义，已经成为当前国际学术界的研究热点和战略前沿。

美国是世界上第一个提出及实施综合大洋钻探计划的国家，并成立了“深海地球采样联合海洋研究所”（JOIDES），有多家科研机构也加入其中。1973年，莫斯科 PP Shirshov 海洋研究所有幸成为 JOIDES 的第一个非美国成员。到 1975 年，美国国内的成员增长到 9 个，而支持此项计划的国际伙伴又增加了 4 家。

我国自 1998 年加入 ODP，实现了南海深海钻探零的突破，建立了西太平洋最佳的深海地层剖面，在气候演变周期性、亚洲季风变迁和南海盆地演化等方面取得了创新性成果，初步形成了一支多学科结合的深海基础研究队伍。

综合大洋钻探计划（IODP）由美国和日本牵头，欧洲作为联合体加入，中国和韩国分别于 2004 年和 2006 年加入。

19. 墨西哥湾漏油事件及其对我们的启示

2010 年 4 月 20 日，英国石油公司在美国墨西哥湾租用的钻井平台“深水地平线”发生爆炸，造成 7 人重伤、至少 11 人失踪，导致大量石油泄漏，此次漏油事故的严重程度超过了 1989 年阿拉斯加埃克森公司瓦尔迪兹油轮的泄漏事件，是美国历史上“最严重的一次”漏油事故，这一事件已经成为美国乃至全球数十年来最大的环境灾难。

“深水地平线”事故造成 1500m 深海的原油泄漏，是历史上首次发生在超过 500m 以上深海的原油泄漏。与在海面航行的大油轮漏油相比，其危害更大、更隐蔽。

墨西哥漏油事件对周围海水的影响

首先，由于海面与深海底的压力、温度有很大不同，大量原油喷涌并向上漂浮过程中，呈现一种“羽毛”状逐步分散的形态：即在海底都是从一个漏油口喷出（像羽毛的根），在上升过程中就会变成羽毛状，直到海面时，就像一个伞面盖在海面上，并且会以油团或油、水、气的混合物形式在海底、海水中和海面上流动、凝固或分散漂浮。而遇到洋流时，这些油水混合物可能随着深层洋流漂动，不仅可能漂出墨西哥湾，还可能漂向世界其他大洋，而在海面上却什么也看不见。

其次，由于生活在海水不同层面的海洋生物各自的生存环境不同，彼此既独立又相互为食物链，某一层的海洋生物死亡，将会造成食物链上层的许多生物难以生存。此次深海漏油可能直接破坏墨西哥湾海水不同层次的生物和鱼类，无数海洋生物将因此被扼杀。

除此之外，许多我们还无法检测的破坏、影响可能会在若干年以后才冒出来，这就像人类对温室气体的理解过程一样。1989 年阿拉斯加发生的油轮泄漏事故造成的海洋生态破坏至今仍没有完全恢复，就是一个例证。

德国柏林工业大学的石油地质学家威廉·多米尼克指出，美国过早开放深海石油开采以及英国石油公司忙赶工期是导致墨西哥湾原油泄漏的主要原因。

中国石油大学的陈国明教授认为墨西哥湾“深水

地平线”钻井平台事故给我们敲响了警钟，我们应从中吸取教训并采取措施：

一是应加大深海油气田开发的风险控制力度。在油气田开发的设计规划、作业施工、运行维护等各阶段，应加大对安全风险识别、风险分析、风险评估的控制力度。比如，对钻井作业钻前准备、钻井施工、下套管固井、测井、试油、完井等一系列作业步骤的关键参数进行监控，采用必要的技术、管理手段把任何可能发生安全事故的风险控制到最小。

二是要加大应急救援和安全保障技术储备力度。有必要加大深水应急救援专项技术的研究力度，更为重要的是，需要掌握相关技术手段有效性、适宜性评价优选方法以及相关应急资源的调配及高效运行管理技术。

三是要高度重视石油石化行业对安全风险的管理与控制。石油天然气的勘探开发、储运及炼制加工生产过程涉及高温高压、易燃易爆及有毒介质，是国际上公认的高风险生产领域。我们应重点研究油气生产事故规律和机理、安全隐患辨识及预测、预警方法等，构建相对完善的油气安全工程技术体系。此外，还应注重培养高素质油气安全技术人才。

我国深海油气勘探开发现状

1. 中国近海海洋油气勘探概况及潜力

中国拥有 $300\times10^4km^2$ 的蓝色国土，大陆架面积约 $140\times10^4km^2$。中国大陆近海（不包括中国南沙海区）分布有渤海、北黄海、南黄海北部、南黄海南部、东海、冲绳海槽、台西、台西南、珠江口、琼东南、北部湾及莺歌海等 12 个以新生代为主的沉积盆地，有效勘探面积约 $70\times10^4km^2$。

中国近海十几个沉积盆地到底蕴藏有多少油气资源？这可不是一个好回答的问题。难点不仅在于人们或地质学家对每个动辄面积在几万至几十万平方千米、厚度在数万米的沉积盆地的地质结构以至油气的蕴藏条件还处于不断的认识和探索中，还在于有关资源量概念的界定涉及许多专业知识，学术上或者工业界尚未完全统一。

中国石油地质专家依靠新技术、新方法对中国近海的主要沉积盆地进行了 3 轮油气资源评价和研究，归纳出近海盆地有大陆伸展（包括渤海、北部湾、南黄海盆地），大陆边缘伸展（包括东海、台西、台西南、珠江口、琼东南盆地），走滑伸展（例如莺歌海盆地）三种类型，并由此提出了富生油凹陷及富成藏体系控制油气富集的一系列新理论。根据这些新理论、新技术，对中国近海10个沉积盆地的油气资源进行了综合评价。最近一次（2003—2007年）近海油气资源评价结果为：石油地质资源量为107×10^8t，占全国石油总地质资源量（765×10^8t）的13.9%；天然气地质资源量$8.1\times10^{12}m^3$，占全国天然气总地质资源量（$35.0\times10^{12}m^3$）的23.1%。目前，近海找到的油、气探明地质储量约占近海石油、天然气地质资源量的28.6%和5.4%。

由上不难看出，中国近海油气资源是比较丰富的。目前的勘探程度还较低，平均每1000km^2只有1.3口探井，勘探程度较高的凹陷也仅仅每100km^2才有1口探井，未勘探的领域还比较广阔。据专家们测算，未来的10年，即2011—2020年，中国近海可能探明石油地质储量18.1×10^8t，探明天然气地质储量$6000\times10^8m^3$。2021—2030年，中国近海可能再探明石油地质储量16.4×10^8t，再探明天然气地质储量$5200\times10^8m^3$。如果通过未来的工作努力能有上述的发现，中国近海的石油探明地质储量将在目前的基础上翻一番，天然气探明地质储量发现将有更快的增长。届时，中国近海的原油高峰年产量将达到5000×10^4t，并在（4000~5000）$\times10^4$t之间保持相当长一段时间。天然气年产量将在未来的20年以平均每年$20\times10^8m^3$的速度增长，高峰年产量将达到（400~500）$\times10^8m^3$。

2. 我国深水勘探开发发展历程

我国海洋石油工业已走过30年历程，30年来，海上石油工业实现了从无到有、从合作经营到自主开发、从国内走向国外、从上游到下游，形成300m水深以浅的海上油气田勘探开发技术体系和配套产业化设施。从1982年年产9×10^4t到2010年年产5185×10^4t建成“海上大庆”的跃进，开发海域覆盖渤海、东海、南海。

我国南海蕴藏着丰富的油气资源，而南海60%以上海域水深在300m以上，所以我国海洋石油从20世纪80年代末开始关注深水区，并通过对外合作启动了深水油气田开发工程一系列零的突破：

1996年，与外国公司合作开发水深310m的流花11－1油田，这是我国南海首次应用了水下生产技术，采用了当时7项世界第一的技术，如使用水下卧式采油树、水下湿式电接头、水下电潜泵等；

1997年，与外国公司合作开发了水深333m的陆丰22－1油田，仅用一艘浮式生产储卸油轮和水下生产系统就实现了深水边际油田的开发，并在世界上第一次使用了海底增压泵，成为世界深水边际油田开发的典型范例；

1998年、2000年，采用水下生产系统开发了惠州

32－5、惠州26－1N油田；

2009年，我国与国外合作开发的、水深1800m、位于尼日利亚的AKOP油田建成投产；

2011年，我国南海第一个深水气田，水深1480m的荔湾3－1气田进入建造阶段，预计将于2013年底建成投产；

2011年，我国建成了第一艘作业水深达到3000m的深水半潜式钻井平台（海洋石油981）、深水起重铺管船、12缆深水物探船、深水勘察船等深水工程重大作业装备。

3. 南海深水油气勘探概况

南海的油气资源极为丰富，按全国第二轮油气资源评价结果，整个南海盆地群石油地质储量约在（230～300）$\times 10^8$t之间，天然气总地质资源量为15.84$\times 10^{12}$m^3，占我国油气总资源量的三分之一，其中70%油气资源蕴藏于深海区域，因而享有“第二个波斯湾”的美誉。其中曾母、文莱—沙巴、万安、巴拉望和礼乐等盆地的资源量尤其丰富，这几个盆地总资源量约为（105.30～126.45）$\times 10^8$t油当量。目前南海探明石油储量位居世界海洋石油的第五位，天然气探明储量位居第四位，已成为世界上一个新的重要含油气区。

我国南海北部深水区油气储量为 3.38×10^{8}t，南海南部深水区油气储量为 5.3×10^{8}t。目前除了中国之外，在南海开展深水油气勘探的国家主要有马来西亚、菲律宾、文莱和越南，主要分布在文莱—沙巴、曾母盆地、万安盆地、西北巴拉望、北康和礼乐盆地，并且已经有了重大的发现，勘探区域逐渐由浅水区向深水区不断进军，且 300m 水深线内主要以气藏为主，文莱—沙巴盆地深水区以油田和油气田为主。

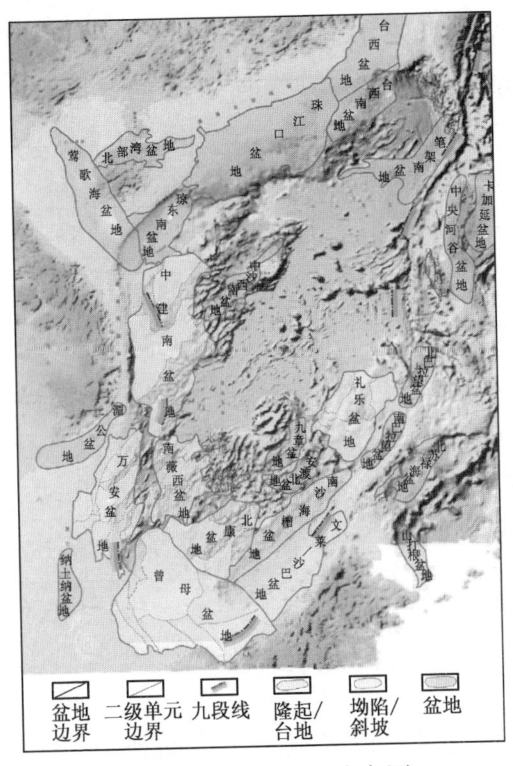

南海海域沉积盆地分布图

4. 南沙群岛概况

南沙群岛及其附近海域位于中国南海南部，其海域范围为北纬3°25′—12°10′，东经108°15′—119°00′。其中太平岛面积约0.43km^2；面积大于0.1km^2 的岛屿还有中业岛、西月岛、南威岛、南子岛、北子岛等。海拔最高的鸿庥岛仅为6.2m^2。早在汉代，中国人民在航海和生产中就发现了南海诸岛，并统称为崎头。唐贞元五年（789 年），已把当时称为“万里长沙”和“千里石塘”的南沙群岛列入中国版图，宋代已对该区域实施行政管辖。

第二次世界大战后，根据开罗宣言和波茨坦公告，中国政府于1946 年收复了南沙群岛中最大的岛屿——太平岛。1947 年初，中国政府内政部方域司编制出版了《南海诸岛位置略图》，并首次以九段弧形断续线的形式表示中国南海的海疆线（现称为传统海疆线）。

1949 年中华人民共和国成立后，曾多次重申中国对南海诸岛屿及其周围海域的领土主权。在中国的政区地图上，以传统海疆线的形式明确标示出中国南海的领土范围。

南沙群岛自古以来就是中国的神圣领土，已经得到国际社会的公认和广泛支持。

1956 年 6 月，越南外交部部长雍文谦曾表示："根据越南方面的资料，从历史上看，西沙群岛和南沙群岛应当属于中国领土"。越南外交部亚洲司司长黎禄更明确地指出："从历史上看，西沙群岛和南沙群岛早在宋代就已属于中国"。

1987 年，联合国教科文组织要求中国政府在南沙海域设立永久性的海洋水文观测站，为过往船只提供海洋水文资料。

但自 1968 年起，特别是从 70 年代以来，周边国家共侵占我国南沙群岛中的 44 个岛礁，并在其占领的部分岛礁上驻军、建立设施和移民点。

1988 年，中国收回了渚碧礁、南薰礁、东门礁、赤瓜礁、永暑礁、华阳礁等六个岛礁，1995 年，中国又收复了美济礁。

1995 年 7 月 31 日，钱其琛副总理兼外交部长再次重申"南沙群岛并不是无主的岛礁，中国历来对南沙群岛及其海域拥有无可争议的主权。直到 70 年代以前并无争议"。

对南沙群岛附近海域的地震调查始于 1955 年，1957 年开始钻探工作，并于 1962 年在巴林坚坳陷的特马那（Temana）构造发现第一个海上油田。截至目前，外国石油公司已在南沙海域完成地震测线 122×10^4km，石油钻井（不含开发井）1323 口，取得了一大批重要的油气勘探成果，周边国家已从南沙海域的油气开发中获得巨大的经济效益。

由此可见，中国南沙岛礁被侵占、海域被瓜分、资源被掠夺、主权被践踏的形势非常严峻。

面对南沙群岛的复杂形势，我国政府主张在联合国海洋法的框架内，本着和平的方式，用共同开发的方针来解决对南沙群岛及其海域的领土和资源权益的争端。

5. 改革开放前中国近海油气工业发展概况

我国近海油气勘探始于20世纪60年代初，1963年开始在莺歌海盆地和琼东南盆地进行地球物理勘探，1964年开钻第一口井。1967年6月在渤海钻探的“海1”井喷出油气流，这是中国近海第一口工业性探井，它揭开了中国海洋石油工业的序幕。进入70年代，根据中国石油工业发展的实际情况，我国政府提出“加快海洋石油的勘探开发进程，为石油工业寻找接替基地作好准备”的战略方针。从1963年起，经过15年（到1978年）的自力更生、艰苦创业，完成了中国近海的地质概查，先后在渤海、珠江口、北部湾及琼东南盆地发现了一些油气田和含油构造，并在渤海建立了年产17×10^4t原油的生产基地。与此同时，锻炼和培养了一支我们自己的海上石油勘探队伍，在技术装备以及基地建设方面也初具规模，进而为后来的对外开放、合作勘探、开发中国近海油气资源奠定了基础。

6. 改革开放以来中国海洋石油工业的新发展

1978 年，中国近海油气勘探开始对外开放。1982 年，国务院颁发了《中国海洋对外勘探合作条例》。依此条例，截至 2008 年，中国海洋石油对外共签订各类石油合同与协议 187 个，直接利用外资达 121 亿美元。通过对外合作和自营勘探，1978—2008 年间累计在 10 多个沉积盆地采集二维地震测线 801700km，采集三维地震资料 $72883km^2$。探井 1107 口，其中预探井 707 口，评价井 400 口。截至 2008 年，已发现油气田 114 个，获得石油探明地质储量 30.5×10^8t，天然气探明地质储量 $4431.8\times10^8m^3$，凝析油探明地质储量 2581.7×10^4t。其中，探明地质储量超过亿吨的油田 6 个，探明地质储量近千亿立方米的天然气田 2 个。2008 年中国近海已投产油气田 65 个。2008 年石油年产量达到 2906×10^4t；天然气年产量为 $76\times10^8m^3$。目前，这一产量约占全国原油、天然气年产量的五分之一，中国海洋石油工业已进入一个新的、更高的发展阶段。

与此同时，中国海洋石油总公司培养了一大批技术素质高、有管理水平的技术人员和管理人才，较全面地掌握了海上油气勘探、开发施工的新技术、新方法。例如在钻井工艺方面，目前我们普遍采用了优选优化钻井技术，包括推广使用孕镶块（PDC）钻头钻进，以提高钻进的速度；推广高压喷射钻井技术，最高工作泵压 20685kPa（3000lb/in^2）以上，一般达 17237～19306kPa（2500～2800lb/in^2），推广平衡地层压力钻井技术以保护油层，优选高质量高效能钻头，努力探索一个钻头，一趟钻，完成一段井眼。

在定向钻井技术方面，广泛应用大功率、低转速、高扭矩、大排量泥浆导向马达等钻井新技术。在随钻测斜钻井技术——MWD（measurement while drilling）方面，采用低转速、高扭矩、可转弯角度泥浆马达等；在钻井液方面，采用净化设备，使用了低固相的重钻井液，以提高钻进速度，并根据油田开发要求研制适合油层的钻井液体系，以保护油气层。

在采油方面，例如流花 11－1 油田上的半潜式生产平台使用了世界上七种首次采用的高新技术，即在世界上第一次使用水下卧式采油树；第一次采用全部水平井开发；第一次在水下井口系统中应用电潜泵集油技术；第一次商业性应用潜式电接头技术；第一个无潜水员潜水作业，其水下作业全部由“机器人”承担的油田；第一次应用水下跨接管连接技术；第一次采用既独立又集中的多功能液压控制，在浮动生产系统上遥控水下井口生产装置。

需要指出的是，自1959年以来，地质部在中国近海开展了油气勘探的前期工作，并分别于1979年和1983年在珠江口盆地和东海盆地获得突破。

流花11－1油田半潜式生产平台

7. 海洋巨大的油气潜力

海洋面积占地球表面的71%，海洋石油、天然气资源占全球油气资源总量的49%左右。据美国地质调查局和《油气杂志》公布的数据，世界石油资源总量

约为 4041×10^8t，海洋石油资源量约为 1900×10^8t，已探明储量约为 540×10^8t；世界天然气资源总量约为 $378\times10^{12}m^3$，海洋天然气资源量约为 $189\times10^{12}m^3$，已探明储量约为 $47\times10^{12}m^3$。由于陆地石油、天然气勘探程度已经较高，而海洋油气勘探程度远低于陆地，因此，全球近 70% 的待发现油气资源量均位于海域。由此看来，未来世界油气勘探的主战场将在海域。

海洋油气产量占全球总产量的三分之一左右。以 2007 年为例，全球石油产量为 40.8×10^8t，天然气产量为 $29402\times10^8m^3$，而当年海洋石油产量为 12.1×10^8t，天然气产量为 $9114.5\times10^8m^2$。

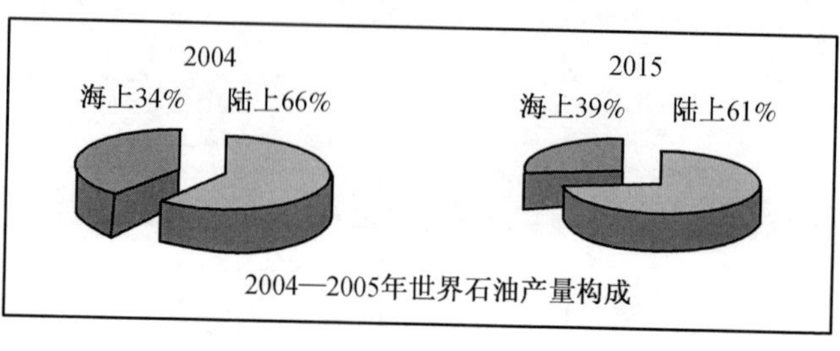

2004—2005年世界石油产量构成

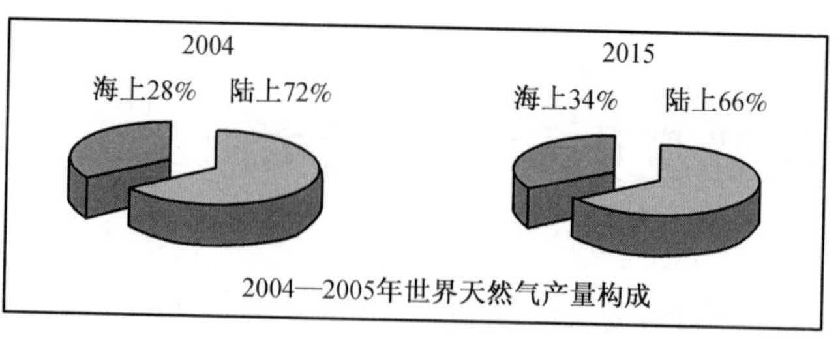

2004—2005年世界天然气产量构成

世界石油天然气产量构成（据英国 Douglas – Westwood 公司）

国家	海域	油气储量 (10^8t)	石油 (10^8t)	天然气 (10^8m^3)
美国	墨西哥湾北部	21	15	6000
巴西	东南部海域	27.3	23.2	4100
西非	三角洲、下刚果	28.6	24.5	4100
澳大利亚	西北陆架	13.6	0.5	13100
东南亚	婆罗洲	5.3	2	3300
挪威	挪威海	5.1	1.1	4000
埃及	尼罗三角洲	4.8		4800
中国	南海北部	1		1000
印度	东部海域	1.6		1600

世界主要深海区油气资源量（据江怀友，2008）

正是由于海洋油气资源十分丰富，勘探程度很低，待发现油气资源量十分可观，导致了世界主要工业国和发展中国家对海洋的争夺，对海洋勘探区块的激烈竞争。

8. 我国迫切需要实施深海油气战略

近几年来，中国石油对外依存度大致每年提升 3 个百分点。据预测，到 2013 年中国原油对外依存度将超过 60%，而这一趋势在较长的一段时期内都难以改变。事实上，与原油进口量呈逐年递涨态势相伴，中国原油对外依存度逐年攀升已是既定事实。能源消费增速过快，给能源生产和节能减排带来巨大压力，这意味着我国能源安全的形势将更为严峻。

在能源全球化的大背景下，中国能源安全问题的解决离不开海洋油气储量的发现与年产量的增长，中国积极推进海洋石油勘探开发在某种意义上可以说是解决自身能源安全问题的一种途径。

在陆上石油、天然气开发不足以支撑经济增长的情况下，将资源勘探开发的重点转向海洋是十分必要的。深水区是世界油气的重要接替区。据测算，世界石油产量中约30%来自海洋石油，2010年全球深水油气储量已达到40×10^8t，深水油气资源开发正在成为世界石油工业的主要增长点和科技创新的前沿。

海洋深水区域特殊的自然环境和复杂的油气储藏条件决定了深水油气勘探开发具有高投入、高技术、高风险的特点，深水装备是获取海洋深水油气资源的基础。

近年来，我国在深海勘探开发装备方面投入巨大并取得了重大成果。以“海洋石油981”等为代表的一批深海勘探开发装备的成功研制和应用，标志着我国深海油气战略的巨大成功。

9. 深水勘探的春天已经来临

随着勘探技术的不断发展，深水的定义在不断变化。1998年以前，勘探家们认为只要离开大陆架即水深大于200m，就是深海。随着勘探技术的提高，1998年以后普遍把水深大于300m的海域定义成深水区。当下普遍认为水深大于500m为深水，大于1500m则为超深水。目前，西方国家石油公司已经在墨西哥湾海域3000多米水深的地方找到了大型或巨型油气田，南大西洋两岸也在2000多米水深的地方找到了大型或巨型油气田。上述勘探成果给了勘探家们极大的鼓舞。

全球大陆架之下的深水沉积总面积达 $5500\times10^4km^2$，预测油气资源量达（700~1000）$\times10^8$bbl油当量。深水油气资源主要分布在大西洋两岸（以西非和巴西为主）、墨西哥湾海域等地区（通常把西非深水、巴西深水、墨西哥湾深水称为“金三角”）。

深水勘探具有与浅水、陆地明显不同的特点。第一，深水勘探对技术要求很高，勘探风险和投入都很大；第二，油气发现规模大，产量较高，但开发周期相对较短；第三，钻探成功率较高，墨西哥湾深水钻探成功率约为33%，巴西深水钻探成功率达50%以上，挪威和俄罗斯北极地区深水钻探成功率为42%，北海地区达24%以上；第四，深水油气勘探开发的平均成本呈逐年下降的趋势，每桶石油的成本从10年前的6美元下降到近年的4美元，相应的投资回报率高达19%，高出全球上游投资回报率7~9个百分点。

深水油气勘探开发投资逐年增加。1997年，全球

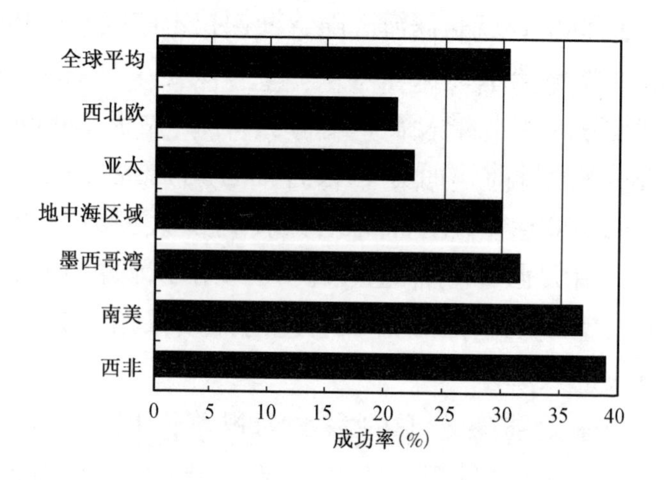

全球深水油气勘探成功率（据江怀友等，2008）

深水勘探开发投资为60亿美元；到2006年，这一数据上升到110亿美元；2010年已超过200亿美元。投资增长较快的地区有西非、巴西、墨西哥湾和亚太地区。

从全球海域油气储量的发现情况来看，截至2008年，全球31%的油气储量发现于陆地，40%的储量发现于浅水，29%的储量发现于深水。英国石油公司（BP）认为，到2012年，BP将有50%的油气田发现来自深水或超深水海域，勘探作业水深将达到2500～4000m。

统计发现，过去20年70%的深水勘探活动集中在墨西哥湾、西非和巴西深水区。深水油气发现也主要集中在上述地区。

墨西哥湾深水勘探潜力巨大。墨西哥湾深水领域可勘探面积约为$53\times10^4km^2$，发育的8个盆地中有6个盆地具有含油气远景，勘探潜力巨大且勘探程度很低。墨西哥一位能源界人士2012年12月曾说，墨西哥拥有总数高达538×10^8bbl的预期油气资源量，主要分布在墨西哥湾深水区。近20年来，已经在墨西哥湾超深水地区发现了60多个商业油气田。

西非沿岸发育了15个沉积盆地，总面积达$330\times10^4km^2$，海域面积达$258\times10^4km^2$，而深水可勘探面积达$199\times10^4km^2$。整个西非共钻探井7030口，陆地占了49%，大陆架区占了41%，而深水地区只占了10%。由此可见，西非深水地区的勘探程度非常低，目前已发现38个油气田。

西非深水勘探热点已由尼日尔三角洲转向安哥拉和加纳、科特迪瓦地区。2006—2007年间，在安哥拉获得的17个油气发现中，有15个油气田分布在深水地区，可采储量达19×10^8bbl油当量。2007年，美国一家小公司在加纳水深1000余米的海域发现了当年非洲地区最大的油田——菊比利油田，可采储量达（8~15）$\times10^8bbl$油当量。该巨型油田的发现证实了科特迪瓦盆地是一个新的油气区带，开辟了一个全新的勘探领域。同时，对加纳共和国具有十分重要的意义，开创了加纳石油工业新局面。

2006—2010年间，巴西深水区共钻探了18口探井，主要勘探目的层是盐下层系，共发现了 8 个巨型油田，最大的油田可采储量达到 55×10^8bbl。巴西深水勘探成功率之高、油田之大令世人瞩目，也极大地激发了勘探家们对于深水勘探的热情。

10. 深水油气成为能源开发的主要增长点

起步于 1947 年的世界海洋石油经过了半个多世纪的发展，从浅水到中深水、再到深水，人类开发利用油气资源的程度正在不断深入。进入 20 世纪 80 年代后，随着北海、墨西哥湾、巴西等深水油气田的勘探发现，人类开发海洋石油的重点工作转向深水区。目前，海洋石油已经成为世界油气开发的主要增长点，而深水油气更成为海上油气的主要增长点和科技创新的前沿。

深水区蕴藏着丰富的油气资源，自 1975 年成功钻探第一口深水探井以来，全球已在 19 个沉积盆地获得深水油气发现，发现了 33 个亿吨级油气田，70% 以上分布在墨西哥湾北部、巴西东南部和西非三大深水区的近 10 个沉积盆地内。

目前世界先进的石油公司、作业公司已经形成了 3000m 水深深水作业船队。按照深海资源的开采过程，世界上深海资源开发装备可分为以下几类：

深海资源勘探装备：包括在茫茫大海中寻找油气资源的30多艘深水多缆地震勘探船、深水工程地质勘察船；

深水钻探及作业装备：目前全世界已有30多艘3000m深水半潜式钻井平台、深水钻井船，其中最先进的第六代深水钻井装备，最大作业水深达3810m；

深海资源开发辅助装备：如油气田建设、运行、维修所需的工程船舶（大型起重船、铺管船、抢险救助船等）、水下维修舱、信息采集传感器和各类作业工具等；

深海资源开采与储存装备：如各种开采平台、浮式生产储存装置、海底储油设施等；

水下生产设施：安装在海底进行油气开发的装备；

深海资源运输装备：如各种油轮、液化石油气运输船等。

经过多年研究，深水勘探开发和施工装备作业水深不断增加，深水油气田的开发模式日渐丰富，深水油气田开发水深和输送距离不断增加，新型的多功能深水浮式设施不断涌现。

据报道，截至2011年底，全世界已建成256座深水浮式平台、6020多套水下井口装置，已经投产的最深油气田水深达到2743m，各国石油公司已把目光投向了3000m水深的深水，深水区已经成为21世纪重要的能源基地和科技创新的前沿。

11. 发展我国深海油气的必要性

我国陆地和海洋浅水区都经历了40～50年的勘探历程，勘探程度较高，发现新的大型油气接替领域相当困难。而南海油气资源储量丰富，占我国油气总资源量的1/3，其中70%蕴藏于$153.7\times10^4km^2$的深水区域，可以成为我国油气的重要接替领域。但由于自然环境恶劣、开发技术难度大、成本高以及其他一些原因，南海深水的油气资源一直没有得到有效开发。

海洋油气资源丰富，深海区是世界油气资源重要战略接替区。建设大型深水装备，加快深水油气勘探开发，是保障国家能源安全、发展海洋经济的必然要求，是建设海洋强国、维护国家海洋权益的现实需要，也是海洋石油工业实现新的跨越式发展的重要路径。

12. 我国深海油气开发面临诸多挑战

我国海上能源工程战略型新兴产业和技术虽取得长足的进步，但与世界先进水平以及我国海上能源开发的实际需求相比还有很大差距，主要表现在：

深水工程装备差距大：2011年我国建成部分深水

工程重大装备，但距离形成系统作业和施工作业的深水船队还有很大差距，还远远不能满足我国南海深水开发的实际需求，同时与之配套的深水作业能力还处于探索阶段；

深水油气田勘探开发工程技术、装备差距大：我国在建深水油气田开发水深为1480m，而世界纪录为2743m；

海上应急处理技术、装备差距大：去年夏天出现的渤海蓬莱19－3漏油事故，说明我们在应对海上溢油等重大事故时，装备和技术需要继续加强，一些特殊技术需要加强研究，如轻质油膜回收技术和装备研制等。

我国南海深水环境条件恶劣，以百年一遇的风浪条件做比较，我国南海波高为12.9m，与墨西哥湾相等，是西非海域的3倍，南海表面流速和风速接近墨西哥湾的2倍。我国南海具有特有的内波流，海底地质条件复杂（包括海底滑坡、海底陡坎、浊流沉积层、碎屑流沉积等）。同时，我国南海油气具有高黏、高凝、二氧化碳含量高等特点，使深水低温高压环境下的远距离油气输送面临着巨大挑战。

我国海洋工程自主实践经验仅在200m水深之内，与国外深水海洋工程技术的飞速发展形成巨大反差，已经成为制约我国深水油气资源开发的瓶颈。一方面，目前深水核心技术仅掌握在少数几个国家手中，引进

18 号台风“纳沙”肆虐

中存在技术壁垒；另一方面，我国南海特有的强热带风暴、内波等灾害环境以及我国复杂的原油物性及油气藏特性，本身就是世界石油领域面临的难题，这就决定了我国深水油气田勘探开发工程将面临更多的挑战，只有通过核心技术自主研发，尽快突破深水油气田勘探开发关键技术，我国才能获得深水油气资源勘探开发的主动权。

目前我国已启动国家科技重大专项、国家“863”计划等相关深水油气勘探开发工程技术研究项目。随着我国南海深水油气田的开发，深水技术将得到迅速发展，2015 年将形成深水工程基本设计能力，2020 年将形成深水工程作业船队和涵盖地下、水下、水面的深水油气田勘探开发工程技术体系，为促成我国深水油气田开发、建设“深水大庆”奠定基础。

13. 深水圈闭烃检测技术

面对深水勘探的高成本、高风险，如何在深海“宫殿”中找到“宝藏”成为志在走向深水区的中国海油的一个重要命题，而深水圈闭烃检测技术为我们指明了一条重要的探宝路径。

（1）寻“宫殿”易，找“宝藏”难。

深水油气勘探难度高，常规的地震勘探能识别圈闭，但对圈闭的含油气性很难给出准确评价，因而勘探成功率较低。

形象地说，海洋油气勘探就像在茫茫大海中寻找“宫殿”里的“宝藏”。“宫殿”就是圈闭和构造，“宝藏”就是油气资源。而现在深水油气勘探面临着找得到“宫殿”、认不出“宝藏”的难题。因此，急需有效的烃检测技术来提高勘探成功率。

（2）电磁探测，价高难得。

除国内外常用的地震勘探技术外，其他的非震烃检测技术相对比较缺乏，主要有可控源电磁探测法（CSEM）、海洋油气渗漏烃蚀变带的地球物理检测法及声纳烃检测技术等。其中，可控源电磁探测法是当今国际上比较常用的烃检测手段，被西方勘探家称作“自 3D 反射地震出现至今几十年来最为重要的地球物理勘探技术”，因而它备受国际石油公司、油气勘探服务公司的青睐。

可控源电磁探测法最主要的原理是：利用含油储层与其周围饱含水地层之间的巨大电阻率差异来识别储层的含油气性。该方法通过水平电偶极子激发出低频电磁信号，这些电磁能量主要向海底地层扩散，然后接收器通过接收来自海底地层的反射、折射电磁场信号，就可以定量分析海底地层的电阻率分布，从而预测储层的油气分布。

但由于南海的特殊地质条件，加上该项技术价格昂贵，因而在南海大范围推广这一技术有较大难度。

（3）新技术开启新模式。

面对深水勘探的高风险、高投入，中海石油（中国）有限公司深圳分公司首次引进了一种新技术——微生物地球化学勘探技术。

这项技术采用微生物学方法和地球化学方法分别检测微生物异常和吸附烃异常，进而预测下伏地层是否存在油气藏，以及油气藏的属性。该项技术的主要原理是：油气藏中的轻烃气体在油气藏压力的驱动下会向上运移，轻烃运移进入表层沉积物过程中，一部分成为土壤中专属烃氧化菌的食物（碳源）而使烃氧化菌异常发育，另一部分被黏土矿物吸附和次生碳酸盐胶结物包裹。

通俗地讲，就是一些专门以烃类为食物的微生物会在油气藏上方的表层土壤中大量繁殖并呈现分布异常现象，这可以作为检测油气存在的依据之一。与可控源电磁探测法相比，该技术不受环境影响，也不需要大型仪器，周期短，见效快。

将这种技术与二维/三维地震勘探成果相结合，可以预测圈闭内油气藏富集带的分布和油气藏性质，从而为深水海域预探井井位设计提供可靠依据。数据显示，根据全球1100口探井的钻探成功率分析，该勘探模式对干井预测成功率和对工业油气井预测成功率分别达到了90%和80%。

14. 南海北部珠江口盆地深水油气勘探

珠江口盆地位于广东大陆以南，海南、台湾两岛之间的广阔大陆架和陆坡区上，呈北东—南西向展布，长750km，宽300km，面积$17.5\times10^4km^2$，200m水深线大致从盆地中部通过，小于200m水深区约$10\times10^4km^2$。珠江口盆地经历了两个发展阶段，古近纪为伸展张裂阶段，形成半地堑，充填厚度达5~8km的河湖沉积。新近纪到第四纪为古珠江三角洲发育期，沉积厚度达3~5km，由北向南沉积加厚。主要生油层为始新统文昌组湖相泥岩，下渐新统恩平组湖沼相泥岩也有一定生油能力。中新统下部珠江组和渐新统上部的珠海组是盆地的主要油气产层。珠江组的海相砂岩及生物礁灰岩储集物性好。盖层为珠江组海相泥岩。油气田类型以背斜为主，次为地层及断背斜，分布于富生油凹陷周围。

目前已证实的由惠州、西江、恩平及文昌凹陷组成的北部凹陷带为一富生油凹陷带，该凹陷带及其南侧的东沙隆起是珠江口盆地最重要的油气聚集区，而且油质较好，单井日产量平均 300t 以上，高者可达 1000t 以上。大油田是以新近系生物礁滩灰岩为储集层的流花 11－1 油田，石油地质储量约 1.5×10^8t。珠江口盆地 1997 年石油产量超过 1200×10^8t，十几年来一直保持这一产量规模，油田开采的经济效益非常好。目前这一海域有多套齐全的生产设施，为进一步开发周围的油田打下了基础。目前，珠江口盆地的油气勘探程度还较低，深水区的白云、开平凹陷及全区古近系等都是勘探较少的地区或层系。番禺 30－1 气田的发现，特别是近年来白云凹陷深水区荔湾 3－1 气田（平均水深约 1400 余米，天然气地质储量为数百亿立方米）的发现证实了珠江口盆地白云凹陷深水区具备形成大—中型气田的石油地质条件。大规模的深水油气勘探、开发正在南海北部陆架深水区展开。老探区一些“小而肥”凹陷的发现，例如番禺 4 洼，探明石油地质储量已超过亿吨。

深海油气勘探开发装备

1. 掌握深海技术就是掌握国家核心竞争力

“海洋石油981”从几年前在上海外高桥船厂开工建造，就曾引起社会大众的高度关注。这座“石油航母”5月9日在南海1500m深海区开钻的消息，更是引发了各类媒体争相报道和热议。这深刻说明，着力加快我国走向海洋深水的步伐已成为共识。

发展深海装备、技术是开发深海油气资源的迫切要求。世界海洋石油和天然气的开发，从1897年美国在加利福尼亚近岸钻探第一口油井以来，已走过100多年的路程，近浅海的勘探开采普遍都达到了相当高的程度，向水深超过300m直至数千米的油气富集区迈进已成为大势所趋。而从近浅海向深远海发展面临的最大挑战，即能否在装备、技术能力上实现跨越式突破。谁先掌握深海高新技术谁就能捷足先登。例如，巴西早在20世纪80年代末即着手进行深海技术攻关，很快成为世界深海油气开发走得最快的国家之一，这些年其油气产量也一直呈几何级数增长，大大充实了这个“金砖国家”不断走向强国之路的底气。相比之下，墨西哥虽也不乏挺进深海的意愿，且在资金投入方面做了充足储备，却因自身缺乏必要的技术积累，从而出现了“受制于人”的被动局面，面对深海装备和技术供不应求的国际市场环境，往往只能望洋兴叹。

目前，我国南海周边一些国家也在不断迈进发展深海油气的步伐，不过他们主要也是依赖发达国家的技术力量，拄着“洋拐棍”往深海走。中国海油自改革开放以来，就开始了向深水油气勘探开发的不断探索和实践，并联合众多科研院所进行深海技术攻关，现在不但已经成功取得勘探开发深海油气田的业绩，同时也实现了一系列深海关键技术和大型装备建造的突破，深海物探、深海钻井、深海铺管及深海采油等设施，大体已经成型配套，基本具备了自主勘探开发南海深水油气富集区的能力。“海洋石油 981”这次在南海 1500m 水深的海区钻井，正是一次具有深刻意义的“试水”，预示着中国的海洋石油人将由此向南海的更深处前进。

发展深海装备、技术，也是我们建设海洋强国的题中应有之义。现在我国正在制定和实施海洋发展战略，要求大幅提升国家控制、开发和管理海洋的能力，而发展深海技术是目前加强国家开发、利用海洋能源的非常关键的一环。从眼下我国海洋开发的现状出发，制定和实施海洋发展战略，需要很好的处理近浅海开发与深远海开发的关系，应在优化调整沿海经济，集约发展近岸海域及岛礁经济的基础上，尽快加大深远海及边远岛礁开发的力度，重点展开专属经济区和大陆架油气、新能源以及其他矿藏、生物资源的开发。"工欲善其事，必先利其器"，发展深海装备、技术已经成为国家制定实施海洋发展战略的重要依据和保障。

发展深海装备、技术，也是我国经略大洋的必要准备。中国濒临西太平洋，作为一个居民数量占世界五分之一左右的人口大国，这片辽阔洋面迟早要成为国人生存发展的重要资源接替区，和平、合作、共赢、互利，是时代的主流，未来中国在广袤的海洋与世界展开对话，必然是以强劲的经济、技术实力为底蕴，演奏出以和平与合作为基调的主旋律。

上天和下海，是当今世界的两大科技难题。现在我国在航天方面已经有了值得自豪的建树，相信走向海洋同样会有不俗的表现。

2. 深海油气勘探开发装备需求

起步于 1947 年的世界海洋石油经过了半个多世纪的发展，从浅水区到中深水区、再到深水区，人类开发利用油气资源的程度正在不断深入。进入 20 世纪 80 年代后，随着北海、墨西哥湾、巴西等深水油气田的勘探发现，人类开发海洋石油的重点转向深水区。目前，海洋石油已经成为世界油气开发的主要增长点，而深水油气更成为海上油气的主要增长点和科技创新的前沿。

所谓深水区通常指水深大于300m的海域。深水区蕴藏着丰富的油气资源，自1975年成功钻探第一口深水探井以来，全球已在19个沉积盆地获得深水油气发现，发现了33个亿吨级油气田，70%以上分布在墨西哥湾北部、巴西东南部和西非三大深水区近10个沉积盆地。因此，墨西哥湾、巴西、西非被称为深水油气开发的“金三角区”。

目前世界先进的石油、作业公司已经成立了3000m水深深水作业船队。按照深海资源的开采过程，世界上深海资源开发装备可分为以下几类：

深海资源勘探装备：包括在茫茫大海中寻找油气资源的30多艘深水多缆地震勘探船、深水工程地质勘察船；

深水钻探及作业装备：目前全世界已有30多艘3000m深水半潜式钻井平台、深水钻井船，其中最先进的第六代深水钻井装备，最大作业水深可达3810m；

深海资源开发辅助装备：如油气田建设、运行、维修所需的工程船舶（大型起重船、铺管船、抢险救助船等）、水下维修舱、信息采集传感器及各类作业工具等；

深海资源开采与储存装备：如各种开采平台、浮式生产储存装置、海底储油设施等；

水下生产设施：在海底进行油气开发要安装的

装备；

深海资源运输装备：如各种油轮、液化石油气运输船等。

经过多年研究，深水勘探开发和施工装备作业水深不断增加，深水油气田的开发模式日渐丰富，深水油气田开发水深和输送距离不断增加，新型的多功能深水浮式设施不断涌现。

据报道，截至2011年底，全世界已建成256座深水浮式平台、6020多套水下井口装置，已经投产的最深油气田水深达到2743m，各国石油公司都已把目光投向了3000m水深的深水区，深水区已经成为21世纪重要的能源基地和科技创新的前沿。

3. 海上钻井平台

随着人类对油气资源开发利用的不断深化，油气勘探开发的重点区域从陆地转入海洋。因此，钻井工程作业也必须在浩瀚的海洋中进行。在海上进行油气钻井施工时，几百吨重的钻机要有足够的支撑和放置的空间，同时还要有钻井人员生活居住的地方，海上石油钻井平台就担负起了这一重任。由于海上气候的多变、海上风浪和海底暗流的破坏，海上钻井装置的稳定性和安全性更显重要。

海上钻井平台（Drilling Platform）是主要用于钻井的海上结构物。平台上安装钻井、动力、通讯、导航等设备，以及安全救生和人员生活设施，是海上油气勘探开发不可缺少的建筑。按结构可分为移动式平台和固定式平台两大类。

海上钻井平台

固定式平台包括导管架式平台、混凝土重力式平台、深水顺应塔式平台等。固定式钻井平台大都建在浅水中，它是借助导管架固定在海底而高出海面且不再移动的装置，平台上面铺设甲板用于放置钻井设备。支撑固定平台的桩腿是直接打入海底的，所以固定式钻井平台的稳定性好，但因平台不能移动，故钻井的成本较高。

钢质导管架式平台使用水深一般小于300m，通过打桩的方法使其固定于海底，它是目前海上油田使用最广泛的一种平台。自 1947 年第一次被用在墨西哥湾 6m 水域以来，发展十分迅速，到 1978 年，其工作水深达到 312m，目前世界上大于 300m 水深的导管架平台有 7 座。

混凝土重力式平台的底部通常是一个巨大的混凝土基础（沉箱），用三个或四个空心的混凝土立柱支撑着甲板结构，在平台底部的巨大基础中被分隔为许多圆筒型的贮油舱和压载舱，这种平台的重量可达数十万吨，正是依靠自身的巨大重量，平台直接置于海底。不过由于混凝土平台自重很大，对地基要求很高，使用受到限制。现在已有大约 20 座混凝土重力式平台用于北海。

张力腿式钻井平台（TLP）是利用绷紧状态下的锚索产生的拉力与平台的剩余浮力相平衡的钻井平台或生产平台。张力腿式钻井平台也是采用锚泊定位的，但与一般半潜式平台不同。其所用锚索绷紧成直线，不是悬垂曲线，钢索的下端与水底不是相切的，而是几乎垂直的。张力腿式平台的重力小于浮力，所相差的力量可依靠锚索向下的拉力来补偿，而且此拉力应大于由波浪产生的力，使锚索上经常有向下的拉力，起着绷紧平台的作用。

为解决平台的移动性和深海钻井问题，又出现了多种移动式钻井平台，主要包括：座底式钻井平台、自升式钻井平台、钻井浮船和半潜式钻井平台。

座底式钻井平台又叫钻驳或插桩钻驳，适用于河流和海湾等30m以下的浅水域。目前已有几座座底式平台用于极区，它可加压载座于海底，然后在平台中央填砂石以防止平台滑移，完成钻井后可排出压载起浮，并移至另一井位。

自升式钻井平台由平台、桩腿和升降机构组成，平台能沿桩腿升降，一般无自航能力。

钻井平台桩腿的高度总是有限的，为解决在深海区的钻井问题，又出现了漂浮在海面上的钻井船。钻井船是浮船式钻井平台，它通常是在机动船或驳船上布置钻井设备。目前，海上钻井船的定位常用的是抛锚法，但该方法一般只适用于200m以内的水深，水再深时需用一种新的自动化定位方法。

半潜式钻井平台（SEMI）由座底式平台发展而来，上部为工作甲板，下部为两个下船体，用支撑立柱连接。工作时下船体潜入水中，甲板处于水上安全高度，水线面积小，波浪影响小，稳定性好、自持力强、工作水深大，新发展的动力定位技术用于半潜式平台后，工作水深可达900～1200m。据统计，目前世界范围内有深水自升式钻井平台65艘，大部分在墨西哥湾和北海工作，其运营商主要为美国石油公司。

4. 世界海洋钻井平台发展简史

世界现代石油工业最早诞生于美国宾西法尼亚州的泰特斯维尔村，一个叫乔治·比尔斯的人于 1855 年请美国耶鲁大学西利曼教授对石油进行了化学分析，发现石油能够通过加热蒸馏分离成几个部分，每个部分都含有碳和氢的成分，其中一种就是高质量的用以发光照明的油。1858 年比尔斯请德雷克上校带人打井，1859 年 8 月 27 日在钻至 69ft 时，终于获得到了石油。从此，利用钻井获取石油、利用蒸馏法炼制煤油的技术真正实现了工业化，现代石油工业诞生了。

随着人类对石油研究的不断深入，到了 20 世纪，石油不仅成为现代社会最重要的能源材料，而且其五花八门的产品已经深入到人们生活的各个角落，被人们称为“黑色的金子”、“现代工业的血液”，极大地推动了人类现代文明的进程。高额的石油利润极大地推动了石油勘探开采活动，除了陆地石油勘探外，对于海洋石油资源的开发也日益深入发展。

1897 年，在美国加州 Summer land 滩的潮汐地带上首先架起一座 76. 2m 长的木架，把钻机放在上面打井，这是世界上第一口海上钻井。1920 年委内瑞拉搭制了木质平台进行钻井。1936 年美国为了开发墨西哥湾陆上油田的延续部分，钻探成功了第一口海上油井并建造了木质结构生产平台，于1938年成功地开发了世界上第一个海洋油田。第二次世界大战后，木质结构平台改为钢管架平台。1964—1966年间英国、挪威在水深超过100m、浪高达到30m、最高风速160 km/h、气温至零下且有浮冰的恶劣条件下，成功地开发了北海油田。标志着人们开发海上油田的技术已日臻成熟。目前已有80多个国家在近海开展石油商业活动，原油产量占世界石油总产量的30%左右。1897年，在世界上第一口海上钻井的旁边，美国人威廉姆斯在同一个地方造了一座与海岸垂直的栈桥，钻机、井架等放在上面钻井。由于栈桥与陆地相连，方便了物资供应。另外，钻机在栈桥上可以随意浮动，从而在一个栈桥上可打许多口井。在海边搭架子，造栈桥基本上是陆地的延伸，与陆地钻井没有差别。能否远离岸边在更深的海里钻井呢？

1932年，美国得克萨斯公司造了一条钻井驳船“Mcbride”，上面放了几只锚，到路易斯安那州Plaquemines地区Garden岛湾中打井。这是人类第一次“浮船钻井”，即这个驳船在平静的海面上漂浮着，用锚固定进行钻井。但是由于船上装了许多设备物资器材，在钻井的时候，该驳船就座到海底了。从此以后，就一直用这样的方式进行钻探，这就是第一艘座底式钻井平台。同年，该公司按设计意图建造了一条座底式钻井驳船

"Gilliasso"。1933 年这艘驳船在路易斯安那州 Pelto 湖打了"10 号井",钻井进尺 5700ft。以后的许多年,设计和制造了不同型号的许多座底式钻井驳船,如 1947 年,John Hayward 设计的一条"布勒道 20 号",平台支撑件高出驳船 20 多米,平台上备有动力设备、泵等,它的使用标志着现代海上钻井业的诞生。

由于经济原因,自升式钻井平台开始兴起,滨海钻井承包商们认识到在 40ft 或更深的水中工作,升降系统的造价比座底式船要低得多。自升式钻井平台的腿是可以升降的,不钻井时,把腿升高,平台坐到水面,拖船把平台拖到工区,然后使腿下降伸到海底,再加压,平台升到一定高度,脱离潮、浪、涌的影响,得以钻井。1954 年,第一条自升式钻井船"迪龙一号"问世,它有 12 个圆柱形桩腿。随后几条自升式钻井平台,皆为多腿式。1956 年造的"斯考皮号"平台是第一个三腿式的自升式平台,用电动机驱动小齿轮沿桩腿上的齿条升降船体,桩腿为 X 架式。1957 年制造的"卡斯二号"是带有沉垫和 4 条圆柱形桩腿的平台。

随着钻井技术的提高,在一个钻井平台上可以打许多口井而钻井平台不必移动,特别体现在近海的开发井上。这样,固定式平台也有发展。固定式平台就是建立永久性钻井平台,大都是钢结构,打桩,然后升出海面;也有些是水泥结构件。至今工作水深最深的固定平台是"Cognac",它能站立在路易斯安那州近海 318m 水深处工作。

1953 年，Cuss 财团建造的“Submarex”钻井船是世界上第一条钻井浮船，它由海军的一艘巡逻舰改装建成，在加州近海 3000ft 水深处打了一口取心井。1957 年，“卡斯一号”钻井船改装完毕，长 78m，宽 12. 5m，型深 4. 5m，吃水 3m，总吨位 3000t，用 6 台锚机和 6 根钢缆把船系于浮筒上。浮船钻井的特点是比较灵活，移位快，能在深水中钻探，比较经济。但它的缺点是受风浪海况影响大，稳定性相对较差，可能会给钻井带来困难。该船首先使用简易的水下设备，把浮船钻井技术向前推进了一步。

1962 年，壳牌石油公司用世界上第一艘“碧水一号”半潜式钻井船钻井成功。“碧水一号”原来是一条座底式平台，工作水深 23m。当时为了减少移位时间，该公司在吃水 12m 的半潜状态下拖航。在拖航过程中，发现此时平台稳定，可以钻井，这样就受到了启示，后把该平台改装成半潜式钻井平台。1964 年 7 月，一条专门设计的半潜式平台“碧水二号”在加州开钻了。第一条三角形的半潜式平台是 1963 年完工的“海洋钻工号”，第二条是 1965 年完工的“赛德柯 135”。

随着海上钻井的不断发展，人类把目光移向更深的海域。这时半潜式钻井平台就充分显示出它的优越性，在海况恶劣的北海，更是可以称雄，与之配套的水下钻井设备也有发展，从原来简单型逐渐趋于完善。

半潜式钻井平台的定位一般都是用锚系定位的，而深海必须使用动力定位。第一条动力定位船是“Cussl”，能在12000ft水深处工作，获取600ft的岩心。以后出现了动力定位船“格洛玛·挑战者号”，它于1968年投入工作，一直用于大洋取心钻井。世界上真正用于海上石油勘探的第一条动力定位船是1971年建成的“赛柯船445”钻井船，工作水深在动力定位时可达600m以上。

半潜式平台有自航和非自航两种类型。动力定位船所配套的水下设备是无导向绳的水下钻井设备。后来，钻井平台又有新的形式出现，如张力腿平台和“Spar”。科学在进步，时代在发展，海上钻井技术也在飞速发展，人们现在已向更深的海域进军，无论是钻井井深、钻井水深、钻井效率都不断有新的世界纪录出现。

5. 中国海洋钻井平台发展概况

中国海洋石油工业起步比较晚，上世纪50年代末，当时的石油部领导提出了“上山下海，以陆推海”的海洋石油发展战略。1963年，在对海南岛和广西地质资料进行详尽分析的基础上，决定在南中国海建造海上石油平台。此后的2年间，广东茂名石油公司的专家们用土办法制成了中国第一座浮筒式钻井平台，在莺歌海渔村水道口外距海岸4km处钻了3口探井，并在400m深的海底钻获了15L原油。1966年12月31日，中国的第一座正式海上平台在渤海下钻，并于1967年6月14日喜获工业油流，从此揭开了中国海洋石油勘探开发的序幕。

1981年地矿部为了开展海洋石油勘探，决定建造一台半潜式的海洋钻井船，取名叫“勘探三号”。1984年6月由上海708研究所、上海船厂、海洋地质调查局联合设计，上海船厂建造的中国第一座半潜式钻井平台——勘探三号建成。其后转战南北，共打出15口海底油、气井。它为发现中国东海平湖油气田残雪构造，作出了重要贡献。

“勘探三号”半潜式钻井船

“勘探三号”是由1座箱式甲板（亦称平台甲板）、6根大型立柱、1座高大井架和2只潜艇式的沉垫组成的半潜式钻井平台。从沉垫底部到平台的上甲板有35.2m高，相当于一座12层的高楼，如果算到井架顶部总高有100m，总长91m，总宽71m，工作排水量219910t，工作吃水20m，平台上装有900项，8600多台件机电设备。平台甲板被6根直径9m的主柱高高地托在高空，远远看去像是一座岛屿。它除了包括钻井、泥浆、固井、防喷系统在内的全套钻探设备外，还配置了4组（8台）150t的电动锚机，5组660kW的柴油发电机组。同时，船上还配有潜水钟和甲板减压舱组成的200m饱和潜水系统，防火、防爆和可燃性气体自动报警系统等现代化设备。“勘探三号”平台上设有地质楼、报务室、应急发电机室、水文气象室、中心控制室和居住室等现代化的生活设施，水电通讯一应齐全，甲板顶还有可供直升飞机起降的停机坪。

半潜式钻井平台具有优良的抗风浪性能和较大的可变载荷，并可在较深海域进行钻探作业。当时世界上只有少数几个国家能建造，而且造价昂贵。为了能设计出适应中国大陆架实际情况的半潜式钻井平台，3个单位的设计人员收集了大量的水文气象资料，并通过深入实际的调查研究，对5种方案进行了严格筛选，最后正式确定采用矩形半潜式钻井平台的方案。其主要性能参数为：工作水深35～200m，最大钻井深度6000m。

1984年6月25日上午，“勘探三号”在中国最大的拖轮“德大号”的拖引下，离开上海港到东海温州湾外的海域进行各种性能试验。试验表明，“勘探三号”辐射状锚泊系统布置合理，十分适应该平台的精确定位和作业。其间“勘探三号”在试验的狂风巨浪中接受了中国船舶检验局和美国ABS船级社的入级签证，美国船级社的日籍验船师木下博敏把“勘探三号”称作中国现代海上工程的标志。国外一些海洋钻探公司获悉中国有这样高质量的钻井平台后，纷纷前来探询租用或合资经营“勘探三号”钻探承包作业的可能性。

2008年6月6日，中国石油天然气集团公司宣布：目前全球最大的座底式钻井平台——中油海三号座底式钻井平台安全抵达冀东南堡油田。该平台投入使用后，将大大提高中国石油滩海地区勘探开发的能力。中油海三号是由中国石油海洋公司与上海708所联合研制，由山海关造船厂制造。该平台长78.4m，宽41m，上甲板高20.9m，空船总重量5888t，适合10m以内水深的海上作业，是目前全球最大的座底式钻井平台。

目前我国海上，特别是深海钻井平台技术主要掌握在我国最大的海上石油生产商——中国海洋石油总公司手里。“五型六船”战略是中国海洋石油总公司从“十一五”以来大力推动的深水发展战略，即计划建造5种型号、6艘可在水深3000m海域工作的深海工程装备，组成中国深海油气开发的“联合舰队”。其中2011年我国建成了第一艘作业水深达到3000m的深水半潜式钻井平台“海洋石油981”，“海洋石油981”代表了当今世界海洋石油钻井平台技术的最高水平，堪称海工装备里的“航空母舰”。

6. 浮式储油卸油装置（FPSO）

FPSO（Floating Production Storage and Offloading），即浮式储油卸油装置，可对原油进行初步加工并储存，被称为“海上石油工厂”。

大型FPSO

FPSO是对开采的石油进行油气分离、处理含油污水、动力发电、供热、原油产品的储存和运输，集人员居住与生产指挥系统于一体的综合性的大型海上石油生产基地。与其他形式的石油生产平台相比，FPSO具有抗风浪能力强、适应水深范围广、储/卸油能力大，以及可转移、可重复使用的优点，广泛适合于远离海岸的深海、浅海海域及边际油田的开发，已成为海上油气田开发的主流生产方式。

FPSO装置作为海洋油气开发系统的组成部分，一般与水下采油装置和穿梭油轮（Shuttle Tanker）组成一套完整的生产系统，是目前海洋工程船舶中的高技术产品。同时它还具有高投资、高风险、高回报的海洋工程特点。

FPSO俨然一座“海上油气加工厂”，把来自油井的油气水等混合液经过加工处理成合格的原油或天然气，成品原油储存在货油舱，到一定储量时经过外输系统输送到穿梭油轮。作为海上油气生产设施，FPSO系统主要由系泊系统、载体系统、生产工艺系统及外输系统组成，涵盖了数十个子系统。

FPSO上面安装了原油处理设备，有的FPSO有自航能力，有的则没有，采用单点系泊模式在海面上固定。FPSO通常与钻油平台或海底采油系统组成一个完整的采油、原油处理、储油和卸油系统。其作业原理是：通过海底输油管线接收从海底油井中采出的原油，并在船上进行处理，然后储存在货油舱内，最后通过卸载系统输往穿梭油轮。

7. “五型六船”工程

“五型六船”战略是中国海洋石油总公司从“十一五”以来大力推动的深水发展战略，即计划建造5种型号、6艘可在水深3000m海域工作的深海工程装备，组成中国深海油气开发的“联合舰队”。

中海油“5型6船”战略具体组成：

（1）一艘3000m深水半潜式钻井平台“海洋石油981”，作为该船队的“旗舰”；

（2）一艘3000m级深水铺管起重船“海洋石油201”，2011年5月25日交付使用；

（3）一艘3000m12缆深水物探船“海洋石油720”，2011年4月22日交付使用；

（4）一艘3000m深水地质勘察船“海洋石油708”，2011年2月16日出坞；

（5）两艘3000m深水大马力三用工作船“海洋石油681”和“海洋石油682”，第一艘已经于2011年建成并投入使用。

8. “海洋石油981”深水半潜式钻井平台

“海洋石油 981”深水半潜式钻井平台于 2008 年 4 月 28 日开工建造，是中国首座自主设计、建造的第六代深水半潜式钻井平台，由中国海洋石油总公司全额投资建造，整合了全球一流的设计理念和一流的装备，是世界上首次按照南海恶劣海况设计的、能抵御 200 年一遇的台风的钻井平台；选用 DP－3 动力定位系统，1500m 水深内锚泊定位，入籍 CCS（中国船级社）和 ABS（美国船级社）双船籍。整个项目按照中

“海洋石油 981”深水半潜式钻井平台

国海洋石油总公司的需求和设计理念完成，中国海油拥有该船型的自主知识产权。该平台的建成，标志着中国在海洋工程装备领域已经具备了自主研发能力和国际竞争能力。

“海洋石油981”深水半潜式钻井平台，简称“海洋石油981”，是中国海油深海油气开发的“五型六船”之一，是根据中国海洋石油总公司（简称“中海油”）的需求和设计理念而设计，由中国船舶工业集团公司第708研究所设计、上海外高桥造船有限公司承建的，耗资60亿元，由中海油服租赁并运营管理。该平台采用美国F&G公司ExD系统平台设计，在此基础上优化及增强了动态定位能力，以及锚泊定位，是在考虑到南海恶劣的海况条件下设计的，整合了全球一流的设计理念、一流的技术和装备，所以它还有着“高精尖”的内涵。除了通过紧急关断阀、遥控声呐、水下机器人等常规方式关断井口，该平台还增添了智能关断方式，即在传感器感知到全面失电、失压等紧急情况下，自动关断井口以防井喷。设计能力可抵御200年一遇的超强台风，首次采用最先进的本质安全型水下防喷器系统，具有自航能力，还有世界一流的动力定位系统。

2012年5月9日，“海洋石油981”在南海海域正式开钻，这是中国石油公司首次独立进行的深水油气勘探，标志着中国海洋石油工业的深水战略迈出了实质性的步伐。

“海洋石油981”深水半潜式钻井平台长114m，宽89m，面积比一个标准足球场还要大，平台正中是约5、6层楼高的井架。该平台自重30670t，承重量12.5×10^4t，可起降“Sikorsky S－92型”直升机。作为一架兼具勘探、钻井、完井和修井等作业功能的钻井平台，“海洋石油981”代表了海洋石油钻井平台的一流水平，最大作业水深为3000m，最大钻井深度可达10000m。

“海洋石油981”拥有多项自主创新设计，平台稳定性和强度按照南海恶劣海况设计，选用大马力推进器及DP－3动力定位系统，在1500m水深内可使用锚泊定位，甲板最大可变载荷达9000t。该平台可在中国南海、东南亚、西非等深水海域作业，设计使用寿命30年。

“海洋石油981”的6个世界首次：

（1）首次采用南海200年一遇的环境参数作为设计条件，大大提高了平台抵御环境灾害的能力；

（2）首次采用3000m水深范围DP－3动力定位、1500m水深范围锚泊定位的组合定位系统，这是优化的节能模式；

（3）首次突破半潜式平台可变载荷9000t，为世界半潜式平台之最，大大提高了远海作业能力；

（4）中国国内首次成功研发世界顶级超高强度R5级锚链，将引领国际规范的制定。同时为项目节约了大量的费用，也为中国国内供货商走向世界提供了条件；

（5）首次在船体的关键部位系统地安装了传感器监测系统，为研究半潜式平台的运动性能、关键结构应力分布、锚泊张力范围等建立了系统的海上科研平台，为中国在半潜式平台应用于深海的开发提供了更宝贵和更科学的设计依据；

（6）首次采用了最先进的本质安全型水下防喷器系统，在紧急情况下可自动关闭井口，能有效防止类似墨西哥湾事故的发生。

“海洋石油 981”的 10 项中国国内首次：

（1）国内由中海油首次拥有第六代深水半潜式钻井平台船型基本设计的知识产权，通过基础数据研究、系统集成研究、概念研究、联合设计及详细设计，标志着我国拥有了深水半潜式平台自主设计的能力；

（2）国内首次应用 6 套闸板及双面耐压闸板的防喷器、防喷器声呐遥控和失效自动关闭控制系统，以及 3000m 水深隔水管及轻型浮力块系统，大大提高了深水水下作业安全性；

（3）国内首次建成了国际一流的深水装备模型试验基地，为在国内进行深水平台自主设计、自主研发提供了试验条件；

（4）国内首次完成世界顶级的深水半潜式钻井平台的建造。三维建模、超高强度钢焊接工艺、建造精度控制和轻型材料等高端技术的应用，使我国海洋工程的建造能力一步跨进世界最先进行列；

（5）国内首次成功研发液压铰链式高压水密门装置并应用在实船上，解决了传统水密门不能用于空间受限、抗压和耐火等级高、布置分散和集中遥控的难题，使我国水密门的结构设计和控制技术处于世界先进水平；

（6）国内首次应用一个半井架、BOP 和采油树存放甲板两侧、隔水立管垂直存放及钻井自动化等先进技术，大大提高了深水钻井效率；

（7）国内首次应用了远海距离数字视频监控应急指挥系统，为应急响应和决策提供更直观的视觉依据，提高了平台的安全管理水平；

（8）国内首次完成了深水半潜式钻井平台双船级入级检验，并通过该项目使中国船级社完善了深水半潜式平台入级检验技术规范体系；

（9）国内首次建立了全景仿真模拟系统，为今后平台的维护、应急预案制定、人员培训等提供了最好的直观情景与手段；

（10）国内首次建立了一套完整的深水半潜式钻井平台作业管理、安全管理、设备维护体系，为在南海进行高效安全钻井作业提供了保障。

“海洋石油 981”的建造历程：

2008 年 12 月，第一只分段结构完工；

2008 年 12 月，第一只分段涂装完工；

2009 年 4 月，第一个总组段完工；

2009 年 4 月 20 日，平台坞内铺底；

2009 年 7 月，水平横撑搭载完成；

2009 年 8 月，立柱搭载完成；

2009 年 9 月 11 日，上船体开始搭载；

2009 年 9 月，双层底搭载完成；

2009 年 11 月，主船体贯通；

2009 年 12 月 30 日，钻台搭载；

2010 年 1 月 28 日，生活楼搭载；

2010 年 2 月 26 日，海洋石油 981 深水半潜式钻井平台出坞；

2012 年 5 月 9 日，首钻成功。

“海洋石油 981”开工建造以来，得到了党和国家领导人的高度关注，该平台设计建造关键技术攻关列入了“十一五”期间国家“863”计划项目和国家科技重大专项项目。2009 年 4 月 22 日，胡锦涛总书记在青岛海工场地听取了傅成玉总经理关于“海洋石油 981”的汇报，他十分关心并仔细询问了该平台的钻探性能。2008 年 11 月 22 日，国务院总理温家宝在上海考察大型企业期间，专门参观了该钻井平台的模型。“海洋石油 981”的研究和建造工作得到中华人民共和国科学技术部、中华人民共和国国家发展和改革委员会等相关部委的大力支持。

海洋蕴藏了全球超过 70% 的油气资源，全球深水区最终潜在石油储量高达 1000×10^8bbl，深水区是世界油气的重要接替区，而之前中国只具备 300m 以内水深油气田的勘探、开发和生产的全套能力，中国自行研制的海洋钻井平台作业水深均较浅，半潜式钻井平台仅属于世界上第二代、第三代的水平，国外深水钻井能力已经达到3052m，国内仅达到505m 水深。第六代深水钻井平台“海洋石油 981”的建成，将填补中国在深水装备领域的空白，使中国跻身世界深水装备的领先水平。

虽然是由中国进行的详细设计和建造，但初步设计仍是由国外专家完成的。最初国家决定完全自主设计建造，包括初步设计，由于深海钻探装备设计基础与发达国家仍有相当的差距，而且南海开发形势紧迫，所以退而求其次，由国外专家进行初步设计，这也是一个吸收学习的过程，积蓄力量，不久我国应该可以实现真正的完全自主知识产权的深海钻探装备的设计与建造，逐步缩短与海洋能源开发强国的差距，为中国海洋能源战略铺路。

“海洋石油 981”的开钻标志着中国海洋石油工业正式挺进深海，对我国深水油气开发、维护海洋权益具有重要意义。在经济日益全球化、我国石油对外依存度日益提高的今天，海洋已经成为中国拓展发展空间的重要命脉，也成为中国油气资源供应的重要接替区。目前，全球超过 70% 的油气资源蕴藏在海洋，尤其在中国南海，石油资源量超过 230×10^{8}t，约占我国油气资源总量的1/3，被誉为第二个波斯湾。在当前海洋权益争夺日益复杂的形势下，作为我国海洋石油工业的“国家队”，中国海洋石油总公司加快深水油气资源勘探开发的进程责无旁贷。以“海洋石油981”为代表的大型深水装备就是一座座“流动的国土”，这些深水装备既可以开发深水资源，也可以以资源开发的方式宣示国家主权，切实维护国家海洋资源权益。

“海洋石油981”的建成使用，表明我国已初步具备了在1500m水深条件下进行勘探开发油气的装备和技术能力。对于企业来说，海洋之争的关键还是高新技术之争，特别是深海技术应当属于国家的核心竞争力。三十年来，中国海油通过对外合作逐步积累深水经验，但实现南海深水油气资源勘探开发所需要的技术、资金和队伍这三大瓶颈，使我们在南海的深水勘探开发工作长期以来徘徊不前。集中体现在如下四大挑战：一是深水开发工程装备缺乏；二是南海恶劣、复杂的海洋环境条件；三是深水开发工程技术的空白；四是深水油气资源勘探开发的高技术、高风险、高投入。伴随着“海洋石油981”的投入使用，我国形成了以深水钻井平台关键技术为代表的深水大型装备建造关键技术体系，以及深水勘探开发钻完井关键技术体系，为进军南海深水区跨出了实质性的步伐。这不仅表明中国海油已经跻身一直以来由少数国际石油巨头垄断的深水俱乐部，也表明我国海洋石油工业的核心竞争力得到了很大的提升。

9. “海洋石油981”深水钻井平台在南海正式开钻

2012年5月9日，这一天必将载入中国海洋石油勘探开发的史册。当天上午，随着中国首座代表当今世界最先进水平的第六代半潜式深水钻井平台“海洋石油981”的钻头在南海荔湾6－1区域1500m深的水下探入地层，标志着我国海洋石油工业的“深水战略”由此迈出了实质性的一步。

中国海洋石油总公司董事长王宜林当天在北京举行的“海洋石油981”深水钻井平台开钻仪式上指出，大型深水装备是“流动的国土”，是大力推进海洋石油工业跨越发展的“战略利器”。“海洋石油981”在我国南海海域正式开钻，开启了中国海油正式挺进深水区的新征程，拓展了我国石油工业发展的新空间，必将为保障我国能源安全、推进海洋强国战略和维护我国领海主权做出新贡献。

近年来，我国能源供应与消费关系矛盾日趋突出。2011年中国原油对外依存度达到56.3%，天然气对外依存度为21.5%，随着中国工业化进程的不断推进，预计未来油气对外依存度还将进一步提升。而国际油价的居高不下，使得国内油气资源供应的局面日益严峻。作为重要的能源矿产和战略性资源，油气资源直接关系到国家的能源供给和经济安全。因此，国内迫切需要发现具有战略接替性的油气开发新领域。

我国陆地和海洋浅水区都经历了40至50年的勘探，勘探程度较高，再发现新的大型油气接替领域相当困难。而南海油气资源储量丰富，占我国油气总资源量的1/3，其中70%蕴藏于$153.7\times10^4km^2$的深水区域，可以成为我国油气的重要接替领域。但由于自然环境恶劣，开发技术难度大、成本高以及其他一些原因，南海的深水油气资源一直没有得到有效开发。

为进军南海深水，中国海洋石油总公司打造以“海洋石油981”为旗舰的“深水舰队”，作为中国首次自主设计、建造的超大型第六代3000m深水半潜式钻井平台，“海洋石油981”代表了当今世界海洋石油钻井平台技术的最高水平，创造了多项世界纪录。

“海洋石油981”主要用于南海深水油田的勘探钻井、生产钻井、完井和修井作业。该平台设计建造关键技术攻关被列入“十一五”期间国家重点“863”计划项目和国家科技重大专项项目，是高科技发展规划的重点项目，中国海油拥有其自主知识产权。该平台的成功建造和使用，填补了中国在深水钻井特大型装备项目上的空白。

10. “海洋石油 720”深水物探船

“海洋石油 720”深水物探船

“海洋石油 720”是中国海洋油田服务股份有限公司投资建造的中国国内第一艘大型深水物探船，是亚洲最大的十二缆深水物探船。其设计建造除注重船舶性能、采集能力以及设备可靠性和稳定性外，还十分注重节能、减排等多项指标，成为安全、高效、环保、节能的海上作业平台，是中海油田服务股份有限公司深水油气勘探的重要配套装备之一。该船作为海洋深水工程重大装备纳入国家科技重大专项项目，主要从事海上三维地震采集作业。

“海洋石油 720”深水物探船是中海油田服务股份有限公司深海油气开发的“五型六船”之一，是亚洲首艘最新一代三维地震物探船，是中国国内自主建造的第一艘大型深水物探船，是中国国内设计和建造的第一艘满足 PSPC 标准的海洋工程船，是一艘由柴电推进系统驱动、可航行于全球I类无限航区的 12 缆双震源大型物探船，为物探船主流技术的代表，由中海油田服务股份有限公司投资建造。于 2011 年 4 月 22 日交付中国海洋石油总公司下属的中海油田服务股份有限公司使用，2011 年 5 月 21 日，该船正式投入生产。

“海洋石油 720”深水物探船总长 107.4m，垂线间长 96.6m，型宽 24m，型深 9.6m，船舶自持力为 75 天，设计航速为 16 节，载员 75 人，入籍中国船级社，配备了新一代的地震数据采集系统、综合导航系统、电缆横向控制系统及全套物探机械设备遥控操作系统，提高了工作效率，大大减低了劳动强度。该船配备的先进的柴电推进系统，可有效降低船舶燃油消耗及船舶的振动和噪音，在提高地震数据采集质量的同时提高了船员工作和生活环境舒适度。

该船工作水深可达 3000m，可在 5 级海况和 3 节海流情况下采集地震数据，水下设备可在 5 级海况情况下安全收放，在 5 节航速时，提供最大 100t 拖力，可拖带 12 根 8000m 地震采集电缆和双震源共 8 排气枪阵列，一根根“气枪”压缩空气后朝海底释放，震波碰到海底岩层产生反射波，再传回到物探船的接收装置，工作人员通过计算机处理得到地震反射剖面，编制海洋油气田的关键路线图，平均每天勘探面积可达 60km^2，汇集了世界一流的专业物探设备，能够做到多缆和自扩式震源同时收放。

作为全电力推进船舶，该船动力分配智能化，采用冗余推进设计和全中压变频系统，还满足最新的环保要求、配备具有自主知识产权的被动可控减摇水仓，在中国国内同类海工船中率先实施 PSPC 标准。该船能与深水勘察船、深水钻井平台形成一条海洋油气勘探、开发、利用和保护的产业链，为中国海洋能源开采提供了技术装备支持。该船不仅仅拥有高科技探测装备，它还配备了会议室、餐厅、健身房等。其良好的外形和舒适的居住舱室，也体现了中国造船工艺水平的突飞猛进。

“海洋石油 720”深水物探船于 2011 年 5 月下旬正式投产，6 月 6 日，在荔湾 43/11 勘探作业中该船创下了日采集量达 75. 93km^2 的中国国内最高记录；7 月 7 日，该船在东沙 25 工区作业中将单日采集量最高纪录提升至 94. 77km^2；7 月 24 日，再次将单日采集量纪录提高到 96. 495km^2；8 月创下月度采集量为 1607. 79km^2 的一流成绩，已多次刷新中国海洋油田服务股份有限公司的采集作业记录。2011 年冬季首次在中国海域进行了常规三维作业，开创了物探船队在中国海域全天候作业的先例。

截至 2012 年 5 月 7 日，海洋石油 720 深水物探船船队三维采集作业量突破 10000km^2，达到了 10010.415km^2，是继打破中国海洋油田服务股份有限公司物探船日产量、月产量纪录后，创造了物探船队在中国海域作业新的纪录。

“海洋石油 720”深水物探船的研制成功，使中国海洋工程勘察作业能力得以极大提升，深海勘探能力从水深 500m 提升到了 3000m，社会效益深远而巨大，标志着中国已成功进入海洋工程深海勘探装备的顶尖领域，将对南海油气田的勘探开发起到关键作用。

11. “海洋石油 708”深水工程勘探船

“海洋石油 708”深水工程勘探船

“海洋石油708”深水工程勘探船，简称“海洋石油708”，全球首艘集钻井、水上工程、勘探功能于一体的3000m水深深水工程勘察船，是中国海油深海油气开发的“五型六船”之一。2011年12月16日，“海洋石油708”深水工程勘探船在广州中船龙穴造船厂完工交付。作为中国深水重大科技攻关项目的综合配套项目之一，“海洋石油708”的完工交付填补了我国在海洋工程深海勘探装备领域的空白，在南海油气田的勘探开发上将起到重要作用，标志着中国海洋工程勘察作业能力从水深300m提升到了3000m，成功进入海洋工程深海勘探装备的顶尖领域。

“海洋石油708”深水工程勘探船船体总长105m，型宽23.4m，型深9.6m，排水量约11600t，可在无限航区航行，设计吃水下最大航速14.5海里；抗风力不低于12级，可保证在9级海况下安全航行，在全球同类型船舶中综合作业能力最强。可在水深3000m处进行勘察，可在600m海底钻井作业，可起吊150t重物，可进行23.5m长的深水海底水合物保温、保压取样。

12. “海洋石油286”深水工程船

“海洋石油286”是目前我国首艘深水多功能海洋工程船舶，船上配备了400t起重机、水下机器人、

“海洋石油286”深水工程船

DP－3动力定位系统，使该船具有深水大型结构物的吊装和海底安装、海底深水柔性管敷设、饱和潜水作业支持等多种深水作业功能，以及深水锚系处理和FPS（浮式生产设施）的锚泊作业等海洋工程的综合检验、维修能力。

“海洋石油286”深水工程船是中国首艘作业能力达到3000m水深的世界顶级技术难度的海洋工程船舶，专门用于深海油气资源开发，其技术含量高，具有优异的操纵性和耐波性，配有升沉补偿功能的400t大型海洋工程起重机和最大作业水深达3000m的水下机器人，具有深水大型结构物吊装、脐带缆与电缆敷设、饱和潜水作业支持以及深水设施检验、维护等多项功能，综合作业能力在国际同类船舶中处于领先地位。

“海洋石油286”深水工程船，代号“海洋石油286”，是中国首艘作业水深达到3000m、作业能力在国际同类船舶中处于一流水平的多功能海洋工程船舶，由挪威的Skipsteknisk公司进行基本设计，上海船舶研究设计院进行详细设计，广州中船黄埔造船有限公司负责生产设计及建造，是一艘可在大多数气候状况下作业的先进的全钢质、双底双壳多功能水下工程船。2012年4月16日下午，中国海洋石油工程股份有限公司与广州中船黄埔造船有限公司签订了“海洋石油286”项目建造合同，是黄埔造船有限公司继2011年12月16日成功交付“海洋石油708”深海工程勘察船之后，承接的又一科技含量高、建造难度大的海工项目，总造价超过10亿元。

“海洋石油286”深水工程船总长约140.75m，型宽约29m，型深12.80m。船型为短艏楼、球鼻首、B级冰区加强、一层连续干舷甲板，首部设直升机起降平台，带首侧推、伸缩式全回转推进器，由柴油机电力推进系统驱动全回转定螺距舵桨装置，服务航速11节，最大续航能力为10000海里，可在3000m水深及复杂海况下作业并且具有优异的操纵性、耐波性和定位能力（DP-3级），舒适度满足DNV的C3V3要求。与其他海工辅助船相比，“海洋石油286”船舱室更狭小，作业功能更多，设备和系统更先进，设备、管路和电缆布置更复杂，综合集成自动化程度更高，设计和建造难度更大，设备和系统的安装和调试技术要求更高。

“海洋石油 286”深水工程船主要作业功能有：深水大型结构物（如采油树、水下管汇等）的吊装和海底安装（其装备有具有升沉补偿功能的 400t 大型海洋工程起重机）；海底深水柔性管敷设（主甲板下的卷管盘可装载 2500t 电缆）；ROV 作业支持，最大作业水深达 3000m；饱和潜水作业支持；海洋工程的综合检验、维护和修理；深水锚处理和锚泊作业，如深水锚系处理和 FPS（张力腿，半潜，Spar，FPSO）的锚泊作业，包括锚桩安装，系泊腿预铺设、连接、回收和修复。

该船设计、建造和调试涉及的多项关键技术在国内还处于空白状态，广州中船黄埔造船有限公司、上海船舶研究设计院和上海交通大学在具升沉补偿的 400t 海洋起重机安装和调试、深水锚系处理系统安装和调试、DP－3 动力定位系统的安装和调试、一人驾驶的人机工程、综合集成自动化系统、ROV 收放装置/脐带绞车安装和调试、深水 ROV 国产化等重大课题方面联手攻关，以突破深水多功能水下工程船的关键技术，形成自主研发设计能力，为建造能适应中国海洋石油和天然气开发工程发展的需求的、具有独立知识产权的深水多功能水下工程船打下坚实的基础。“海洋石油 286”项目的建造，是中国深水发展和船队建设的需要，是国内掌握水下工程作业关键技术的重要尝试，是中国海油打造深水船队的重要一环，对实现海洋石油开采由浅水向深海转移的战略目标具有重要意义。该船可以满足在南海、东南亚、中东、墨西哥湾等世界主要海区的作业要求，总体作业能力在国际同类船舶中将处于一流水平，对中国海洋工程走向深水、走向国际市场、实现长期稳定发展具有重要的意义。

13. “海洋石油 201”深水铺管起重船

“海洋石油 201”深水铺管起重船

“海洋石油 201”是中国首艘 3000m 深水铺管起重船，2011 年 5 月命名，由中国海洋石油总公司投资，中国熔盛重工建造的深水铺管起重船。该项目是中国国内自主详细设计和建造的第一个深水海洋工程船舶装备项目，是国家“十一五”期间重点支持的“863”计划项目、中国实施深水海洋石油开发战略的重点配套工程，意味着以中国熔盛重工为代表的国内海洋装备技术和建造能力已达到世界高端先进水平，为中国未来自主开发深海能源奠定了装备基础。2012 年 5 月 15 日从青岛起航奔赴中国首个深海气田——“荔湾 3－1”气田，与早前已开钻的“海洋石油 981”钻井平台会合，进行 1500m 深水的铺管作业。在此之前，“海洋石油 201”和“海洋石油 981”都经历了 1 年的调试期，“海洋石油 201”的状态非常好，船上各设备运行正常，已确保能为保障中国国能源安全、推进海洋强国战略和维护中国领海主权做贡献。

“海洋石油 201”船长 204. 65m，型宽 39. 2m，型深 14m，独特的双层甲板面积超过两个标准足球场；安装深水托管架后船长约 280m，主起重机作业时从船底到主起重机顶高度达 136. 77m，相当于 45 层楼高；定员达 380 人，是中国海洋石油大型装备和设施中定员最多的；续航能力达 12000 海里，自持力达 60 天；船舶自重达 34832t，排水量达 59101t，甲板可变载荷达 9000t。

“海洋石油 201”设有世界上最先进的 DP－3 动力定位系统，全船采用全电力推进并设置了 7 个推进器，通过卫星定位精确确定船的位置，再根据推进器的反作用力抵消风、浪、流等对船体的作用力，从而保持船舶的位置和航向不偏移。

“海洋石油 201”是深海洋油气田开发过程中不可或缺的重要装备，它不仅可适用海上石油平台上部模块等大件的吊装与拆除、导管架的辅助下水与就位，而且还可用于进行深海海底油气管道的铺设、维修等作业。“海洋石油 201”的正式投用，不仅填补了国内深海铺管装备领域的空白，还将中海油的作业深度从 300m 提升到 3000m，并与其他深海装备一起，帮助中海油深海装备水平大幅提升并跻身世界一流深海能源开发商的行列。

“海洋石油 201”是世界上第一艘同时具备 3000m 级深水铺管能力、4000t 级重型起重能力和 DP－3 级动力定位能力的船型深水铺管起重船，能进行除北极外的全球无限航区作业；集成创新了多项世界顶级装备技术，其总体技术水平和综合作业能力在国际同类工程船舶中处于领先地位。

作为世界级的 3000m 深海铺管起重船，“海洋工程 201”总体技术水平和综合作业能力在国际同类工程船舶中处于领先地位，技术复杂和建造难度之大，前所未有。面对重重困难，中国熔盛重工在该船建造过程中，随时做好建造技术攻关的准备，对该船的总体建造方案和精度控制技术进行优化研究，克服了艏艉复杂线型分段和特型结构建造的精度控制，以及对超高强度、超厚板的焊接工艺和焊接收缩量研究的难题。3000m深水铺管起重船“海洋石油201”和外高桥建造的“海洋石油981”钻井平台的投用，也标志着以中国熔盛重工为代表的一批国内大型船企在海洋工程装备领域已经具备了自主研发能力和国际竞争资格，海工生产能力已经达到世界高端水平，将为中国自主开发深海能源奠定了装备基础。

2013年3月20日8点28分，“海洋石油201”正式开始荔湾3－1项目深水海管铺设工作，这是我国第一次深水铺管作业。

荔湾3－1项目深水海管共计60.6km，水深范围为200m到1390m。

与浅水铺管技术不同，荔湾3－1项目深水海管铺设作业将使用动力定位系统。此前，深水铺管技术一直掌握在少数几个国家手中，荔湾3－1深水海管的铺设，标志着中国正式跻身海底输油管线“国际深水俱乐部”。

14. 圆筒形海洋钻井平台

圆筒形海洋钻井平台又称“Sevan 650”钻井平台，由中远船务工程集团有限公司为挪威Seven Marine公司建造。“Sevan 650”系列钻井平台由中远船务完成全部

圆筒形海洋钻井平台

技术设计、整体建造及所有设备安装调试，并拥有自主知识产权。其“深海高稳性圆筒型钻探储油平台的关键设计与制造技术”的项目成果曾获2011年度国家科技进步一等奖。“Sevan 650”系列钻井平台的设计建造，标志着中远船务已跻身世界海工建造先进企业行列，成为世界海工制造领域的一支劲旅，标志着我国深海钻探成套装备设计制造水平实现了重大突破。

2009年年底，中远船务成功建造了该系列平台中的第一座“Sevan Driller”（希望1号）。“Sevan Driller”是世界范围内第一座圆筒形海洋钻井平台，该平台直径85m，高135m。平台针对多种海洋环境设计，可用于10000ft（约3000m）深海海域作业，拥有15×10^4bbl原油的存储能力。平台由底部8台推进器定位，并配置系泊系统，具有钻井、储油功能，建成后将在北美墨西哥湾投入生产。

2012年3月，是中远船务为挪威Sevan Marine公司建造的第二座圆筒形海洋钻井平台“Sevan Brazil”（希望2号）交付，并被巴西国家石油公司租用。该平台总高135m，主船体最大直径99m，主甲板高度24.5m，上甲板高度36.5m，钻台高度44.5m，空船重量近3×10^4t，甲板可变载荷15000t。作业设计水深3000m，钻井深度12000m，配置全球最先进的DP－3动态定位系统和系泊系统，通过八台全回转推进器进行定位。“Sevan Brasil”圆筒形海洋钻井平台具备3810m水深和12192m井深的钻井能力。

与“Sevan Driller”相比，“Sevan Brazil”主船体最大直径达99m，整整多出了15m，空船重量达到了29075t，使该平台稳定性更强，更能适应深海恶劣的环境。

2012年8月，“Sevan Driller”钻井平台在巴西深海钻获世界最大的深海油气田。2013年初，“Sevan Brasil”圆筒形超深水钻井平台在巴西桑托斯盆地超深水海区钻探BM－S－50区块时，成功发现了储量丰富、油品优良的油田。

15. 中海油服“先锋”号钻井平台

中海油服“先锋”号（COSLPIONEER）由中集集团下属的烟台中集来福士海洋工程有限公司为中海油田

服务股份有限公司的全资子公司中海油服欧洲钻井有限公司（COSL Drilling Europe AS）总包承建，为中国海洋石油工程建造业最先实现交付的首座深水半潜平台，主要用于该公司在挪威北海深海海域的钻井作业。该平台于2010年10月26日顺利交付，标志着中国已开始打破新加坡、韩国企业对高端海工产品的垄断。

在项目建造过程中，中集来福士采用了全面陆地建造、大型驳船下水、2×10^4t 吊车坞内合拢、18m 深水码头水下安装推进器等一系列创新型建造工艺，并自主完成了全部系统的试航调试工作，开创出一种独特的海工建造模式。

“先锋”号是按照挪威海域的相关法律、法规、规范、标准来设计和建造的半潜式钻井平台，满足挪威石油安全管理局（PSA）、挪威海事局（NMD）、挪威船级社（DNV）、挪威石油工业技术标准（NORSOK）及传统半潜式钻井平台的相关要求，不仅具备在挪威北海海域作业的能力，同时也适用于全球其他海域。该平台全长104.5m、型宽65m、型深36.85m，设计吃水9.5～17.75m，作业水深70～750m，生存状态最大风速51.5m/s，最大垂直钻井深度7500m，最大可变甲板载荷4000t，额定居住人员120人，集钻修井、居住等功能于一身。

“先锋”号采用DP－3动力和锚泊双定位系统及无人值班的机舱设计，在驾驶室及操作室集中遥控操作。DP3动力定位系统的安全优势显著，在平台任一舱室、任一系统发生故障后，平台仍能维持动力定位能力。另外，在合适海域使用锚泊定位系统则可以降低作业成本。

“先锋”号在建造中对关键设备的选配，综合考虑了先进性、可靠性、功能性、后续服务等因素，采用了世界海洋工程行业一流厂家的成熟产品，钻井设备的设计和建造满足最新法律法规和标准、规范的要求，平台配备的水下防喷器（BOP）工作压力15000psi，具备套管剪切和密封功能，能实现液压遥控、声纳遥控、海底机器人应急操控功能，能有效防止井涌、井喷、溢油等恶性重大事故的发生。平台还配备有采油树输送系统和隔水管悬挂装置，能与钻井过程同步实现采油树的水下安装，可大大提高油田开发生产的整体效率，降低生产成本。

“先锋”号在设计、建造阶段还充分考虑了对各种潜在风险的防范。根据挪威特定标准并结合海洋石油行业的相关经验，对可能导致人员伤害、环境污染、设备损坏、平台遇险的各种潜在风险进行全面的分析，从风险分析、技术应用、整体布局、系统设计、设备配置、自动化水平等硬件和技术方面，有效防范各类潜在风险。另外，“先锋”号还通过消除各种可能影响员工身心安全的潜在因素，给平台上的工作人员提供了安全、舒适的工作和生活环境，如钻井设备实现了全自动钻进和遥控操作起下钻具功能，在降低了工人劳动强度的同时，也保障了工人的人身安全。

在保护环境方面，“先锋”号设计为钻井过程零排放，岩屑可全部送回陆地处理，污水系统包括生活污水处理系统、危险区污水处理系统及非危险区污水处理系统，实现所有生活污油污水、工业污油污水、雨水集中处理合格后排海，能做到对环境的零污染。

2013年3月18日，从中海油服欧洲钻井有限公司传来消息，深水半潜式钻井平台“先锋”号在挪威国家石油公司对所有31个平台的2月份综合绩效考核中荣登榜首，被评为“2月月度平台”。

据悉，这是“先锋”号第二次获得“月度平台”称号，第一次是2012年5月份获得的。自2012年11月开始，“先锋”号已连续4个月取得作业效率第二名的优异成绩，良好的信誉有助于中国海油在挪威树立品牌。

16. “南海八号”深水钻井平台

“南海八号”是中国海洋石油总公司为了南海石油开发的需要，贯彻实施国家南海战略，从国外购进的一座深水钻井平台。

“南海八号”最大作业水深1400m，最大钻井深度可达7620m，作业能力在国内仅次于“海洋石油981”。2012年12月5日，完成升级改造的深水半潜

“南海八号”深水钻井平台

式钻井平台“南海八号”傲然挺立于深圳洲岛码头，正式加入中国海油深水舰队。

以超深水标准设计的“海洋石油 981”不适合在 800m 水深以内海域作业，而国内现役其他钻井平台作业水深均不超过 450 m。“南海八号”投入使用，优化了中国海油的钻井装备结构，能满足国内 450 ~ 800m 水深海域油气勘探开发的需求。

“南海八号”平台的投入使用，将进一步提升中国海洋石油深水钻井能力，并填补国内 450 ~ 800m 水深钻井装备的空白。

2013 年 3 月 1 日，“南海八号”钻井平台顺利完成流花油田一口深水井的井下防喷器作业，该井水深 546m，这是“南海八号”的首口深水井作业。

17. 超深水安装采气树

2013年1月9日，深水工程勘察船在1500m水深区域完成采气树回收与安装作业，开创了海洋石油工程界超深水油气田采油（气）树安装新的模式。

本次回收与安装的采气树体积约$5m^3$，空气中的重量约70t，完成作业需依赖稳定可靠的船用吊机、足够的甲板面积和精确的水上水下定位系统。在1500m及以下深水区域安装采气树，目前世界主流的做法是使用钻井平台或浮吊工具进行作业。此次中海油服利用单船作业在业内尚属首次，且日费率远低于钻井平台。

在本次作业中，中海油服作业船将一座损坏的采气树从所在井口提起，在水中吊浮状态下运移到4.5km之外的井口临时存放，再在原井口安装新的采气树，最后将损坏的采气树打捞至甲板，工作量相当于安装和回收深水采气树各两次。由于作业区域水深达1500m，安装精度高，并要对海底井口进行状态调查与清洗，技术要求极为严格。

作业团队从模拟吊装重块演练，到采气树现状调查，再到完成整个水下设施拆装工作，用时不到72小时，并保持了安全、优质的施工纪录。

集钻井、水上工程、勘探功能于一体的3000m深水工程勘察船，具备DP－2动力定位能力，船上搭载了具有升沉补偿功能的150吨克令吊。该船投入使用一年来，中海油服在保障工程勘察业务的基础上，向油气田水下设施生命周期管理市场进军，逐步建立了满足深水油气田水下设施安装作业需求的装备、人才、管理和体系。

18. 深水采油树

采油树是海洋油气田中的关键生产设备之一，承担着控制油气流量、隔绝井口与外部环境等多重任务，因此能否将采油树妥善安装关系到油田的稳定生产。深水采油树下放安装过程比较复杂，易受到海流、波浪等各种恶劣环境因素的影响。下放过程中需要远程控制采油树的旋转及深水采油树下放的精度。如果下放过程中钻柱强度不够或者钻柱横向位移偏大，会影响采油树下放安全及与井口的对准安装。

在南海某项目中，如何将总重近60t的采油树安全的安装到深水井口处成为一个难题，研发人员使用了50种专用安装工具巧妙克服了困难。

该采油树由于配备了湿气流量计等水下监测设备，不仅重量较大而且结构复杂，移动过程中的轻微碰撞便可能导致损坏，因此拖拉、吊装等传统移动方法都不奏效。研发人员灵机一动：如果能铺设一段轨道，让采油树“滑动”起来，问题不就解决了吗？为此，他们专门设计出采油树移动工具：它像一组小火车，只需将采油树吊装到它上面，再通过轨道滑移即可将采油树移动到甲板边缘，整个过程平稳又安全。同时，该工具配备的液压臂可将采油树紧紧“抱”住，从而为移动过程加上了“双保险”。

但采油树到达水下后，如何在水下将管线与采油树准确对接又成难题，这主要是由于采油树位于1500m的水下，安装工具需要同时具备水上控制、监测与水下安装多重功能。更重要的是，安装过程中若遭遇洋流、台风等特殊情况，安装工具要立刻脱落，防止管道断裂，以避免油气泄漏事故的发生。

除上述几种工具，该项目中还采用了树内部组件钢丝作业工具（Wireline Tool）、树帽安装工具（ITC Running Tool）等50种专用工具，用于采油树的安装，涵盖运输、清洗、测试、回收等多个环节。

19. “海洋石油681”深水三用工作船

“海洋石油681”是具有国际先进水平的大马力深水三用工作船，由中船重工武昌船舶重工有限责任公

“海洋石油 681” 深水三用工作船

司为中海油服建造，是为深海石油和天然气勘探开采平台、工程建筑设施等提供多种作业和服务的多功能三用工作船。主要从事深水石油平台的抛起锚、拖航、供应服务和守护值班、溢油回收、水下工程设备安装支持等工程作业和服务。

“海洋石油 681” 是我国新一代集深海抛锚、拖拽、定位及平台供应功能于一体的高端船舶，是为 3000m 深水钻井平台 “海洋石油 981” 建造的配套船舶，属国内首次建造，填补了我国在深水大型多用途工作船领域的空白。“海洋石油 681” 斥资 7.4 亿元打造，总长 93.4m，宽 22m，深 9.5m，使用柴电混合动力，是中国新一代集深海抛锚、拖拽、定位及平台供应功能于一体的高端船舶，具有对外进行消防、浮油回收功能及 ROV 水下机器人功能，代表国际海洋工程装备制造的最高水平。

船上的许多配件技术含量高，拥有 ROV 水下机器人库房，能够存放和便捷收放水下机器人，实现深海 3000m 起抛锚作业；配备一套 500t 的大功率低压驱动拖揽机系统，达到国内最强拖带能力，处于世界领先水平；驾控系统自动化程度极高，只需一名操作者就可以独立完成；污染物排放量少，氮化物排放比现国际海事组织排放标准要求低 20% 以上，污水排放则比现行要求低一倍以上。

这些深水舰队的船舶都由中国海油自主研发，在中国制造，设计过程都由国内的船舶设计部门参与，制造总包商都是中国造船企业，每一条装备都开创了中国海洋石油工业的先河，为国内海洋工程产业的发展提供了重要的机遇，有力地促进了民族制造业和冶金业等相关行业整体实力的提升。

20. 中海油自主攻破深水表层钻井瓶颈

2012 年 9 月 19 日，“863”计划“南海深水油气勘探开发关键技术及装备”重大项目下设“深水表层钻井关键技术及装备研究”课题通过验收。自此，中海油独立自主掌握了深水表层钻井关键技术。

“深水表层钻井关键技术及装备研究”课题由中海石油研究总院牵头、联合中海油田服务股份有限公司、西南石油大学等单位共同承担，通过5年的技术攻关，针对深水油气田开发的表层喷射钻井设计及作业工艺技术、动态压井钻井技术及装备、表层钻井液及水泥浆等关键瓶颈技术展开攻关，研制出深水表层钻井动态压井钻井装置、随钻环空压力温度和溢流监测装置，开发深水表层钻井液及固井水泥浆体系，形成一套适合深水表层钻井设计和作业的实用技术，具备在3000m水深条件下作业的能力。

表层钻井是深水钻井的瓶颈，是深水钻井最关键的第一步，课题研究成果将为中国海油在深水区安全顺利地完成钻井提供强有力的技术支持。

该课题在深水表层钻井井下环空压力实时监测及自适应控制技术、深水表层无隔水管钻井设计优化方法、深水表层钻井液、水泥浆体系和评价技术方面取得创新性成果，研究成果在南海和海外深水钻井中成功应用。

课题组已掌握深水表层钻井关键技术，有望在“十二五”期间实现产业化应用，打破国外技术垄断，替代国外公司提供表层钻井技术服务。

该课题成功研制出深水表层动态压井钻井装置、随钻环空压力温度监测装置，开发深水表层钻井液及固井水泥浆体系，形成了一套适合深水表层钻井设计和作业的实用技术。其中，深水表层钻井井下环空压力实时监测及自适应控制技术达到了国际先进水平，深水表层无隔水管钻井设计优化方法、深水表层钻井液、水泥浆体系和评价技术填补了国内该区域的空白。

21. 3000m 深水防喷器组

水下防喷器组及控制系统是海洋油气钻井的关键装备。深水防喷器组是保证深水钻井作业安全最关键的设备，其作用是在发生井喷、井涌时控制井口压力，在台风等紧急情况下钻井装置撤离时关闭井口，保证人员、设备安全，避免海洋环境污染和油气资源破坏。由于深海抢险、逃生和救援极为困难，因此对深水防喷器组及其控制系统的研制极为重要。

2012 年 9 月 3 日，华北石油荣盛机械制造有限公司研制的 3000m 深水防喷器组及控制系统通过国家科技部验收。这标志着华北荣盛公司在陆地防喷器技术取得长足发展的同时，开始进军海洋领域，水下井控装备研究攻关获得重大突破。

国家“863”计划 3000m 深水防喷器组及控制系统科研项目，是国家“南海深水油气勘探开发关键技术与装备”重大项目的课题之一，也是国家“十二五”规划中海洋工程装备的重要组成部分。

长期以来，我国海上石油井控装备依赖国外进口，导致海上石油开发成本较高。华北荣盛公司研制开发的用于海洋石油勘探的3000m深水防喷器，是国家“863”计划项目重大课题之一。在国外垄断企业严密技术封锁的情况下，该公司历经3年自主攻关，攻克了主流配置F48－105防喷器主机制造和控制系统研制等多个关键性技术难题，在深水防喷器研制中取得了14项国家专利。

3000m深水防喷器组及控制系统的研制成功，可更好地满足我国海洋油气、特别是南海深海油气自主开发的需要，提升我国海洋石油勘探钻井水下设备的国际竞争力。

22. “南海深水油气勘探开发关键技术及装备”重大项目

2006年，为提高我国深海油气勘探开发能力，形成深水海洋油气勘探开发产业链，提升我国海洋油气产业参与国际竞争的能力，推动我国装备制造业向深水高端领域进军，实现我国深海油气勘探开发技术实现跨越式发展，“863”计划海洋技术领域办公室在广泛、深入的战略研究和需求分析的基础上，启动了

"南海深水油气资源勘探开发关键技术和装备"重大项目。项目累计投入国拨经费2.43亿元，各承担单位配套投入研发经费4.05亿元，该项目组织吸引了国土资源部、教育部、国家海洋局、中国石油集团、中国海油集团、中国石化集团、中船重工集团等部门和大型集团公司所属工程、技术研究单位、研究院所、高校累计104家单位参与攻关，参与项目研发任务的研究人员达到1690人。

该项目申请专利286项，其中发明专利149项，获得授权专利154项，发明专利45项；获得软件著作权登记65项，发表论文931篇，出版专著6部；制定国家、行业技术标准10项，建立了2个研究基地；培养了一大批我国急需的深水油气勘探开发领域的高层次人才，包括培养博士207人、硕士396人、试验设计、工程的领军人才近百人。项目成果为南海第一批4口深水油气探井及5万多公里深水油气综合地球物理勘探作业提供了技术支持。

"十二五"期间"863"计划海洋技术领域在"十一五"期间"南海深水油气勘探开发关键技术及装备"项目研发成果的基础上，已启动"深水油气勘探开发关键技术及装备"重大项目，计划投入国拨经费4.5亿元。该项目将以企业为课题牵头单位，进一步攻克系列核心关键技术，推动一批重大装备实现产业化，以期为维护我国海洋权益，推动我国油气工业走向深水和海外提供强有力的技术和装备支撑。

“南海深水油气勘探开发关键技术及装备”重大项目重点在深水油气资源勘探、钻完井、海洋工程和安全保障三个方面开展关键技术研究，完成了深水半潜式钻井平台和深水铺管系统设计建造技术的研发，为我国第一艘深水半潜式钻井平台“海洋石油981”和第一艘深水铺管船“海洋石油201”等重大装备提供了技术支撑；自主研制了我国第一套海上高精度地震勘探技术装备，初步形成了适用于南海的深水油气盆地综合地球物理勘探评价技术；研制了深水防喷器、深水钻井隔水管、深水水下井口头等深水核心装备工程样机；研发了具有我国自主知识产权的深水井身结构设计、表层钻井、井控、钻井液、固井、完井测试等关键技术，并成功应用于南海深水油气勘探开发工程；构建了深水油气工程的公共试验平台，具备4000m深水海洋工程试验的能力，新型平台的设计技术和灾害海洋环境下平台安全性评估技术等取得了重要的进展。这些成果初步形成了3000m水深深水油气勘探开发技术能力，为我国实现水深300～3000m的深水油气田的勘探开发提供了技术支撑。

参考文献

1. Paul Weimer, Roger M. Slatt 等著，姚根顺，吕福亮，范国章等译．2012. 深水油气地质导论．北京：石油工业出版社
2. 何幼斌，王文广．2007. 沉积岩与沉积相．北京：石油工业出版社
3. 邹才能，陶士振，袁选俊等．2009. “连续型”油气藏及其在全球的重要性：成藏、分布与评价．石油勘探与开发，(6)
4. 陈更生，董大忠，王世谦等．2009. 页岩气藏形成机理与富集规律初探．天然气工业，29 (5)
5. 江怀友，潘继平，邵奎龙等．2008. 世界海洋油气资源勘探现状．中国石油企业，77－79
6. 江怀友，赵文智，闫存章等．2008. 世界海洋油气资源与勘探模式概述．海相油气地质，(3)